茶壶

有容乃大

池宗宪⊙著

壶蕴日月，等待幸福

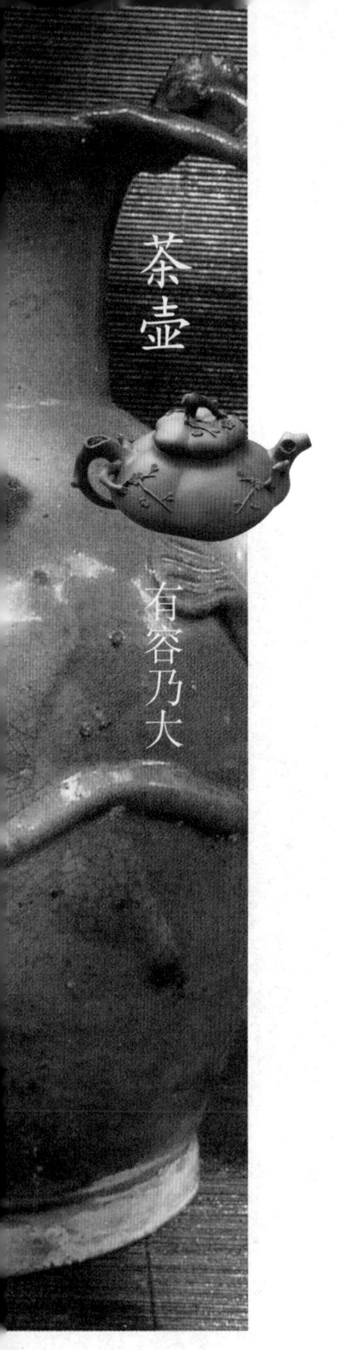

目录

序

两三寸水起波涛

壶，乐活知己，赏壶玩壶人人能言之，买壶藏壶人人能述之。然，想和壶成为知己并非易事。不要不知所以而迷壶，得深情看一把壶的悠远，从一个壶钮或由壶嘴，去赏析壶的幽亭秀丽。

壶器之美，且从它们形体感悟一把壶的灵魂：壶的灵魂就是寓在线条，寓在色调，寓在形体之中。初入门者所求壶的线条、色调，一切具体明眼易识。掌握壶的格调则再求壶的形体之美，壶体实则精力弥满，就是一把好壶的必备条件。

壶体具象，观者能赏亦能把玩。郑板桥对壶有妙喻："嘴尖肚大耳偏高，才免饥寒便自豪。量小不堪容大物，两三寸水起波涛。"（郑板桥自作茶瓶铭《砂壶图考》）壶小又如何起波涛呢？

一把壶具有独立自主的形象，构成壶自己的小宇宙，这个小宇宙是圆满自足的。从水置入之始，壶体材质起了骚动，温度的觉醒，容纳着各自茶叶形境，水浸入叶体的生命，染浸释放单宁的甘美，接着转韵往来正是茶汤呈现灵魂生命的时候，是准备让人细品美感诞生的时候。所以茶汤美感的养成，在于如何泡出真味。

茶叶与壶的距离看似又黏又滞，却又以自我各自表述：卷球状舒展的舞台，条索状绽开的节奏，都会让壶的容量扬起光辉的乐章！茶香和汤味合声共鸣，都在茶叶与水滋润间诞生！这也才有陈鸣远作壶上铭文“汲甘泉，瀹芳铭，孔颜之乐在瓢饮”的乐趣。（陈鸣远作茶瓶底铭《阳羡陶说》）

壶体自成一个世界，冰清玉洁，脱尽尘泽，当面对水和茶的互动时，当茶水弥满时，茶蕴精蓄势与水浮沉，而后吞吐精英，翠华芳香，与温适往，着手成春；出水汤气，行神如空，茶韵若虹，真力弥满，才知“一杯清茶，可沁诗脾”。（引自时大彬壶底款镌刻《松研斋随笔》）

茶趣融入了泡茶者的神思，壶是茶人丰富心灵的写照，“瓦瓶亲汲三泉水，纱帽笼头手自煎”（引自陈鸣远作茶瓶底铭《阳羡陶说》），这是爱茶人亲自泡茶的雅趣！

壶正在静默里等待茶、水的群动，期待茶汤在味蕾上跳舞的浪漫，等待茶人妙造自然，泡出好茶的滋味！

“器堕于地，可能以掇也，言出于口，不可及也，慎之哉。”（引自陈鸣远作茶瓶底镌铭《砂壶全形拓本》）用壶发人深省，壶人一体，却常面对壶林不知所措！

众壶虽参差，适我无非新，一壶清一心，泠泠砂陶，几经婆娑，砂润幽幽，能使壶润，又令人爽，始知壶人原可一体。

在品茗泡茶、茶香四溢见芬芳时，壶在眼前，只待爱壶者在自己的内心、在情绪、在思维上找到壶之美。游走在壶的结构、形制、烧结之间，那么一把壶尽管有再大变动，都可以经由赏壶心法来观壶，融合在壶的旋律中，照见了壶里乾坤大，镜射壶的大千世界！

第一部

流金岁月·乐壶赏壶

一把壶成为联结茶芬芳和品饮者的交接点，在沸水的冲泡浸润之下，砂壶器表现出玉质般的光泽，沉默地记录着茶汤起落流泻和品茗带来的愉悦，对于想和壶成为知己的人来说，制壶者的名气虽足以彰显人们对壶工艺价值的肯定，但一把壶因时间赋予的岁月流金般的气韵，更挹注了让人悠然神往的想望，并借着赏壶、藏壶，对照出壶真正的亘古价值。

以今人所见青瓷壶为例，经壶师雕塑技术烧结的壶，或是千年前在瓦石中淬炼的泥料所制成的水注，其造型由“嘴”到“把”展现的美感，是唐人高度精致文明的证明，在完美的越窑青瓷釉光里，千峰翠色在瞬间就深植人心，也让人冥思青瓷注定在任何年代都能撩拨人的思绪。陕西耀州窑、浙江龙泉窑的痕迹增添了其引人遐思的元素，它有单色釉的沉敛，有剔花的豪迈，更有印花的细致，它们共同以壶作为挥洒的画面。

一壶一世界的工艺呈现，壶不仅是为茶服务，还要重视陶瓷火炼的身影，釉光集中，在壶体中看到胎土沉睡的沉淀。在造型吐露的讯息中，它是实用出水流畅的路径，在此等候结壶缘的知己出现，透过置茶注水的交融深谈，壶告诉茶水这不只是茶香甘醇美味的关系，也是通往茶人精觉神秀的茶径。

壶，等候另辟新径，以慑人的气势迎接不同茶种，青茶、白茶、黄茶、红茶、黑茶、绿茶等发酵或不发酵的茶的到来，每把壶都精准策划用哪一种胎土，烧结温度多少，加上壶形的变换移位，在浸入水的引诱下，恒久时间里瞬间浓聚的单宁酸，在烘焙时间遗留下的茶味，是否可恢复土壤所孕育的香、甘、活、甜。

这是赏壶、买壶、用壶、藏壶者自己对于细节关注的最佳实证。

茶人对于壶神秘难解的事物，是否有着同等巨大的勇气正视剖析？壶，乐活知己？汲汲营营的不仅是源自中国唐宋以降的茶文明中的用壶的经验，还有抽取了壶那一份，或只是买来把玩审视壶的增值性？或是为了泡好一壶茶将它视为贴身知己？

通过本书，让壶的一道光线潜藏在潜意识中，那是对壶的灵魂与中国茶文化的深层渴望。

1章

茶壶

幽逸与乐活

观壶六法系沿用高剑父（1879～1951，名仑，又名卓庭、爵亭、鹊庭，剑父乃其字，广东番禺籍。岭南画派创始人之一），再以谢赫六法与印度六法针对论画所提出的系统思维，笔者引为对壶器赏析的体系和方法。壶在表现媒材上的差异，使壶的呈现方式遂有不同，能持有一个独特的心法来看壶，就不会观壶『无法』，不会只用听故事的方式去了解壶，也不至于脱离壶所能带来的真实意象。

壶形差异造成茶汤变化

观壶循六法·赏壶有一套

赏壶观照的现实，一方面以壶器存在为根据，另一方面要求赏壶者具备一定的条件，就是“审美的心胸”。主体的审美心胸是现实审美观照的必要条件，而如何具有如是心胸？以下的观壶六法当可参考。

观壶六法：

（1）形象体察的认识←→壶的造型

（2）尺度与建构的正确←→壶的容积

（3）表现情感←→壶的生动

（4）形神的迫肖←→壶的雕塑

（5）笔法与傅彩←→壶的釉彩

（6）美的内容与典雅←→壶的气韵

观壶六法是对于壶存在的真实反映，有了对照参证的方法，才足以掌握美感和审美直觉，并将壶与物性反映统一起来。王夫之（1619～1692，明末清初思想家，哲学家，字而农，号姜斋，别号一壶道人）在《姜斋诗话》中说：“身之所历，目之所见，是铁门限。即极写大景，如‘阴晴众壑殊’‘乾坤日夜浮’，亦必不逾此限。非按舆地图便可云‘平野入青徐’也，抑登楼所得见者耳。隔垣听演杂剧，可闻其歌，不见其舞；更远则但闻鼓声，而可云所演何出乎？前有齐、梁，后有晚唐及宋人，皆欺心以炫巧。”

赏壶如何才有幽逸之

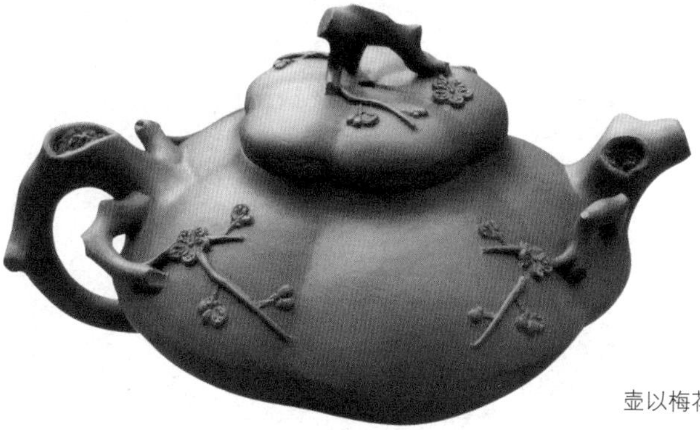

壶以梅花为题材，赋有傲霜精神

气？由赏者做起。欣赏之心建构在实体基础上。

赏壶必须具备的三种性质

王夫之解释“现量说”:“‘现量’,‘现’者有‘现在’义,有‘现成’义,有‘显现真实’义。‘现在’，不缘过去作影；‘现成’，一触即觉，不假思量计较；‘显现真实’,乃彼之体性本自如此,显现无疑,不参虚妄。”“现在”义,就是说“现量”是当前的直接感知，一是“现成”义，所谓“一触即觉，不假思量计较”，是因直觉而获得的知识，不需要比较、推理等抽象思维活动的参与。一是“显现真实”义，“现量”是真实的知识，是显现客观对象本来的“体性”“实相”的知识。审美观照必须具有“现在”“现成”“显现真实”三种性质，是以承认自然美的存在作为自己的理论前提。

此论应用于观壶：现量，看显现在眼前的壶，显现真实是当前的直接感知，来显现客观对壶本来的“体性”和“实相”。换言之，赏壶必须具有“现在”“现成”“显现真实”三种性质。然而，此“现量说”并非是看到喜欢的壶就买；事实上，赏壶观照须是壶的“实相”，并不是脱离实相的虚妄。

比如，名家壶和比赛茶的价值在品茗者心目中已显其尊贵，这一现象显著反映在一般人对壶的认知，是以价格和名气为核心的，普遍缺少对壶形制、图像与视觉的内在美探索，更遑论和胎土、釉药的互动。从这个意义上说，用高价拥有名家壶藏之，多是满足单纯的收藏欲望。

壶的完整存在就在于容积大小（左页上）
外部形体的“对比”和“调和”（左页左下）
内在灵活性影响壶的变异性（左页右下）

如何欣赏壶的造型

“现量说”以眼前每把壶的存在，必须建构在壶固有美的存在，然后才能实现审美的观照，才能培养审美观照，才能从赏壶的第一步“造型”现量考察中体察壶的形象。以常见的方壶、圆壶来说，圆壶、方壶在造型上分具天圆地方的自然况味，那么一把壶能拥天抱地时，会带来哪些美的意象？壶表态天地景物，不吝供人欣赏的包容。

《诗广传》:“天地之际，新故之迹，荣落之观，流止之几，欣厌之色，形于吾身以外者化也，坐于吾身以内者心也；相值而相取，一俯一仰之际，几与为通，而勃然兴矣。”这告诉今人,赏壶要先面对自己,自问有无敞开心胸？懂得掌握“现量”的本质，就可将内心的领悟与实体壶器结合一体。“人心”与“天化”相值而相取，诗意与壶意双兼！

由造型入门再进入第二项，壶的尺度与结构，也就是壶的容积的认识。

一把壶的完整存在真实表现，貌其本荣，如所存而显之。其间，壶的完整存在就在于其壶的容积大小，常言“六杯朱泥壶”,“六杯”是多少容积？大小相隔甚远，多了模糊地带，那么又如何赏壶若华樊照耀动人无际呢?

这也是接着要看的第三项：壶的生动。一把壶的表现情感何在？是一块练了四十多年的泥所制成？还是制壶者四十年技术老练的结晶？壶的生动情感表现，由练泥到制壶必相取相得，才能流动生变成其绮丽。因而进入壶的雕塑世界去领悟：壶形神的迫肖。

造型吐露的讯息

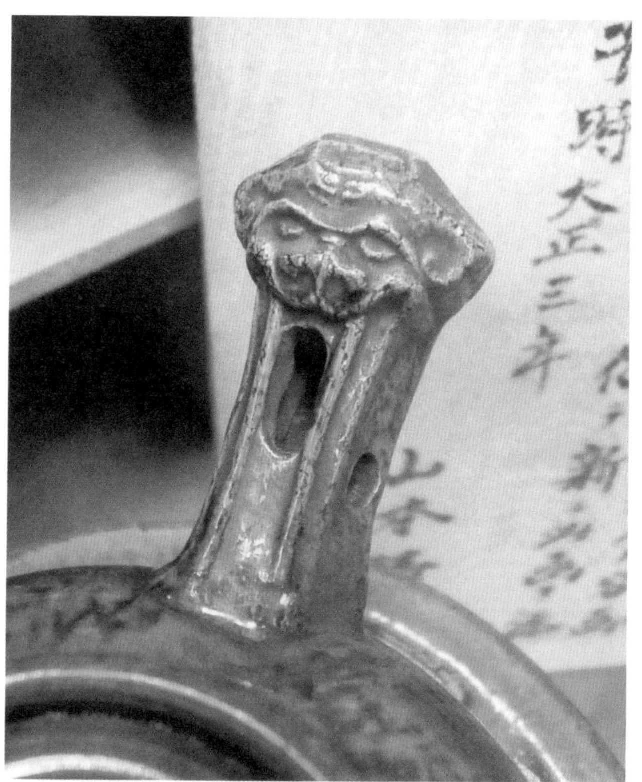

掌握制壶的形神迫肖

看懂了制壶者掌握的形神迫肖，赏壶者心中必是纯洁、畅快、悦适的。以宜兴紫砂花货壶上的梅花技法来说，制壶者观察花形、花容、花貌，才能在壶身上吐露芬芳；而以批量生产供应市场之需的壶，形神难免露出骄侈的俗气。那么一把壶上留下志意沉滞的浓艳釉彩、粉彩、珐琅彩的艳丽，更只是催壶远离典雅的世界。

持壶的关键所在（左上）
壶的表现情感何在（右上）
从壶体上看到胎土的灵魂（右中）
壶把弧度是壶的行动姿态（右下）

观壶六法，心目中要能与相融洽，才得珠圆玉润，各视壶器所怀的景象，充满勃然心胸的赏壶者，才能广远而微至，才超以象外得甘环中，就如王夫之对《古诗评选》卷五谢灵运（385 ~ 433，南朝宋诗人，祖籍河南太康，出生于会稽始宁〔今浙江上虞〕）《田南树园激流植援》评语：“亦理亦情亦趣，逶迤而下，多取象外，不失圜中。”一把壶要能合情合理合趣，不因时代变动而失去魅力。

面对历代创造的壶：唐、宋时的水注，或是明、清宜兴壶的盛况，都足以说明，壶器在历代各朝中的澎湃汹涌，造就不同风格，有其应运不同时代的品茗跨度。

这是一种从实用出发到与壶共鸣，并以壶为知己的成熟关系。

赏壶解码·一番道理

品茗跨越千年时空，品茗方式遽变，不变的是一把壶无穷的与美共舞！穷究是何等力道影响爱壶者的思维模式？为什么每个拥壶者都可说出一番壶的道理？每天用壶，融入生活的熟悉事物，却疏于对壶进行解码？这一连串的疑问，难道是源自爱壶者本以为是对壶无所不在的熟悉程度？

或许是品茗时用壶的元素中，仅引导拥壶者关注两个面向：一为制壶者的名气，二为取得壶的价格。这两者结合建立起的价值决定藏壶的行为；但壶的世界

存在无限转换与变化，可以找出最原始结构的形制，如壶嘴、壶把的对称对应，进而衍生不同的使用含意，在特定的品茗场合中再与置茶、注水与提壶结合，才是与壶共舞的乐趣所在！才知道泡好一壶茶，不只是通过固定置茶，或是设定定量浸泡时间而已！

模件体系审美判断

壶器或按表面形制而命名，却不好望名生义。壶形的细微差异造成茶汤的微妙变化，而目前茶文化体系中，赏壶多停在表面征状作为视觉选样，而其中的形制美学和实用性的双重问题有待发掘。这也是要壶成为知己，与壶同享快乐的积极思维。

如何精确有致地审美判断？拥壶者品尝鉴赏，少不了要懂得制壶时的模件体系。我在欣赏宜兴紫砂壶时，会从壶嘴、壶钮、壶把的模件体系中加以分析。

德国人雷德侯（Lothar Lederose）曾提出他对中国艺术中的模件化看法："有史以来，中国人创造了数量庞大的艺术品：公元前5世纪的一座墓葬出土了总重十吨的青铜器；公元前3世纪的秦始皇陵兵马俑以拥有七千武士而傲视天下……17～18世纪，中国向西方出口了数以亿计的瓷器。这一切之所以能够成为现实，都是因为中国人发明了以标准化的零件组装物品的生产体系。零件可以大量预制，并且能以不同的组合方式迅速装配在一起，从而用有限

壶器应运不同时代的品茗跨度（左页左）
让品茗与壶横生逸趣（左页右）
模件化应用在壶上（右）

泡好茶的贴身知己

的常备构件创造出变化无穷的单元。这些构件被称为'模件'(module)。"

小细节·大变化

模件化的艺术品也充分应用在壶的身上。模件化的壶,壶嘴、壶把可分由专人司职完成,壶身对应的大小形状,又可利于造出对应壶的需求之层次的产品,而这种等级体系对生产者极有利。靠单元的标准化,使其基本相同,但手工在泥坯上进一步加工,使得壶有了个性化的差异。

模件化的增长有其原则性,由壶钮到圈足,所见之处的壶盖、壶身、壶嘴、壶把,会基于比例而非绝对尺度的计算。雷德侯以郑板桥(1693～1765,名燮,字克柔,江苏兴化人)的画为例说明:"郑燮画出的竹叶丛,若在一本小册页上,其直径约10厘米,但是在一幅高大的挂轴之上其平均径幅也只有12至15厘米,于是画家将需要很多的竹叶来布置构图。这就是细胞增殖的原则:达到某一尺度一个就会分裂为二,或者如树木萌发出第二个枝丫,而不是把第一枝的直径增加一倍。"

这也好比一把圆形掇球壶和扁形掇球壶,壶盖的直径一样大,壶盖上的钮就有所区别，圆形掇球壶的壶钮就会高于扁形掇球壶的壶钮。换言之，同样形制的壶盖，或是不同形制的壶身，在壶盖、壶钮的差异变化上，是组合出不同壶款的模件系统之一，可迅速组合变换。

装饰纹样的模件化

认识模件化的壶器构成，反映在瓷壶上的模件化流程系统，同样地加入笔触、线条等新元素，虽然壶身用青花画着同样的垂柳、假山、菊兰等图案，但全都得由手绘完成。这其间绘者的内在灵活性成为影响壶的变异性的主因。

绘制时通过不同的变化来满足壶体的装饰效果，同样一朵菊花可以建构在一把壶身上，在既定组合构图程式中，做不同的变换，例如菊花旁可加上篱笆或拆去篱笆，绘工只要表现母体的图样菊花，就可让壶器表面图案同为主题“菊花”，但每朵菊花神态姿势的不同，创造出一种赏壶的愉悦观赏之美。

反映社会价值观

壶器系清雍正时期的直上青云梨式青花壶，骑牛的牧童是器的母体组合元素，在不同大小的瓷壶上，牧童与牛有了比例上的调整，同样地相容于瓷壶整体之美，可见壶器在模件系统中被容许的宽容度。

或许这也反映了装饰体系中的绘工来自不同阶层，有师父与学徒的共同绘制，他们共同创作壶器表面图像，同时反映当时社会的某些文人价值观，例如出现频率最高的梅、兰、竹、菊图样。以

牧童与牛的比例调整构成和谐画面

器表体现文化隐喻

竹为题材，必须有清秀挺拔的效果，或秀竹潇洒飘逸的特征；以梅为题材，应具有冰肌铁骨之势，或梅花疏影横斜、富有傲霜斗雪的精神气质；以松柏为题材，应有精壮老练，气势横生，苍翠富有生命的魄力。

器表的文化隐喻作用

图像应用在瓷器上，体现器表的文化隐喻作用，品茶未尝不是若菊花图像中的“采菊东篱下，悠然见南山”的一种闲适幽静?

图像的隐喻可以扩大想象力，让品茗与壶横生逸趣。然而，只看壶表层绘图形象就自满自足?总得直视壶身，放眼看去追索壶形巨大的精神含意，而这精神含意的坚实性，正是壶体造型、主体精神的完美体现。

壶的凝聚结构,象征着外部形体的“对比”和“调和”,利用壶的各部位来表现，那顺畅的壶嘴流动，是指涉茶汤香气四溢，茶汤甘醇的品茗享乐远景。那壶把的弯曲弧度则是壶的行动姿态，是便于持壶的关键所在。

2章

造型

实用与意趣

『造型艺术』(plastic arts)，十八世纪德国哲学家莱辛在《拉奥孔》首用此词，后指各种视觉上可见素材构成的艺术，或以立体雕塑艺术为核心。以壶的造型来说，在中国陶瓷发展历史中使用了一千多年，历代称谓不同，或称『水注』、『汤提点』、『注子』……其中它们都共同拥有模件系统，亦即以壶身作为发展的基础中心，壶身的比例可以拉长，可以成圆，可以成方，或是扁形，或是梨形。

壶的平衡自来其造型工艺

陶瓷谱系的鉴识系统

买壶藏壶的单向思维是好壶泡好茶，使茶更好喝，更有质感。买壶的同时，建立壶在陶瓷谱系的鉴识系统，借壶在窑口地理概念中，与历史不同王朝符号的信息中，去解读孤立壶器背后的鲜活！关于壶器谱系的三维坐标，以青釉壶为例，其在四大窑口中与历代演进中的坐标体系如下图：

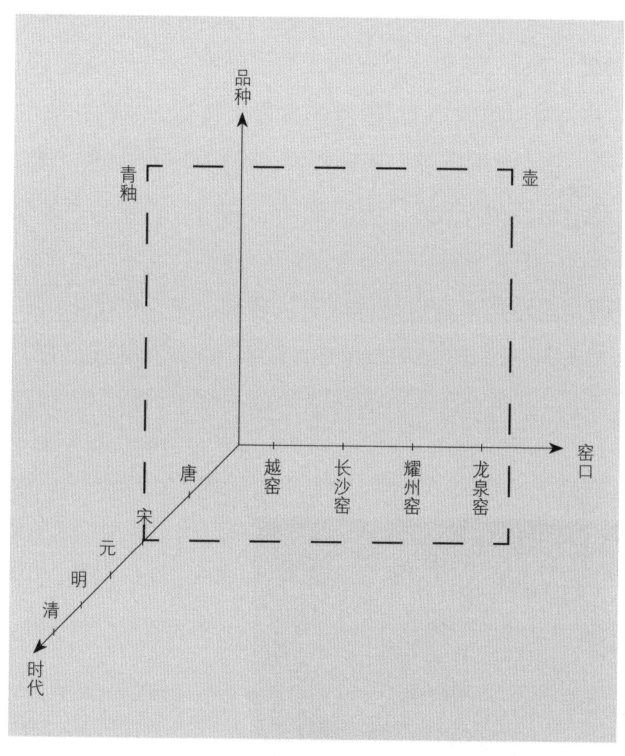

赏壶三维坐标谱系

说明：

（1）坐标谱系分时代、品种、窑口三大项目。

（2）时代坐标：以出土报告或是纪年器为说明，以中国历史为纵向主干，横向序列将不同时期王朝同时并列。

（3）窑口坐标：以陶瓷史上约定成熟窑口命名，以地理概念表示陶瓷生产地。

（4）品种坐标：以工艺与具体装饰手法分类来表示，如青釉划花、刻花或青釉褐彩。

以三维体系架构分析

茶壶的坐标时，可按实体壶器制作位移，并轻易地将同一青釉系统所演化出来的不同窑系，形制雷同的壶器，穿梭在各朝代中以获得明白清晰的解读。

造型命名感性直观

在壶的造型命名上，引用了感性直观，以自然与人体的互借互喻，使壶具有抽象意义。汪寅仙（1943～，宜兴工艺师，1956年前后跟随吴云根、朱可心、裴石民、蒋蓉学艺，后得顾景舟指导）认为，以狮虎、羊头、龙兽之类捏塑作为壶的嘴、把、钮等附件。紫砂历史记载的第一件作品为“树瘿供春壶”，其原形来自大自然，是将古老的银杏树干上的瘿结捏塑成壶形，整个体形完美，质朴苍古，嘴把有天然妙成之趣，壶体表面七凹八凸、生动别致地呈现树皮纹理，并留着丰富的指纹，显示了最原始手工艺制作的况味。

造型命名是人为赋予，而壶器造型本身更能体现时代精神，这点也可应用在对壶器的鉴别。王健华（北京故宫博物院古器物部陶瓷组研究员）对于紫砂器的鉴定有下列看法：“对紫砂器的鉴定，首先要明了各个时期砂壶造型的基本特征，以及演

解读历史壶器背后的鲜活

变发展的一般规律。例如，明代的紫砂壶造型多以方形、圆形、筋囊式为主，线条简约，壶体偏大，平实质朴，给人一种厚重质朴的感觉，光素而少华丽，更加贴近百姓生活；清代初期的砂壶造型与瓷器一样，出现专供宫廷、皇家使用的精工细琢的宫廷壶，多以自然形和几何形为主。另有一些民间实用型壶类，壶形小、流短、小耳柄，形制小巧玲珑；清末民初的烧壶造型款式增多，附加装饰也增多，以仿古代名家为主，在形制上没有多少创新。”

理解建构美学基石

这些造型特征见于清宫旧藏，以归纳说当有其赏析涵养；但在壶主体变化和赏壶者客体变化同步对应中，客观赏壶必经由深入对壶的种种理解，例如制作工艺、风格品位等来辅助，才足构成赏壶的美学基石。

壶的口、颈、腹、肩、足、底、盖、钮、把、流都具有与壶相应的原则，每个小细节都要与整体有机地呼应契合。这也就是将壶身与配件合成的结果，壶在以往就按制壶之形或传自师承制壶后而命名；然今人以壶之“造型”称之。洞悉壶的造型不单是在紫砂壶身上，进而由造型的元素中揭启壶的缘起。

紫砂壶流动的形制

现今流通最大、最广的壶器是宜兴紫砂壶。例如，用等量三克阿里山乌龙茶，分别置入两把紫砂壶。壶容量相等，浸泡同样三分钟，倒出茶汤时壶嘴长或短流的壶，倒出茶汤就有差异。这也促动了深入了解紫砂壶的形制与茶汤的神妙关系。

现有紫砂壶的形制，有各种不同的类型。拥壶者自问：我的壶属于哪一款器形？又，哪款壶拿来泡轻发酵茶最合适？或是比较适合泡重发酵茶？深探壶器形制，有助增进赏壶趣味：

（1）圆形器：圆形器简称“圆器”，是以球体、圆柱体为基本形塑造的器皿。主要运用各种圆曲线、抛物线组成。造型圆润、饱满，要求达到“圆、稳、匀、正”。圆，要求有变化，富感情，要于“肩”“腹”“足”等处见骨又见肉，整体达到“珠

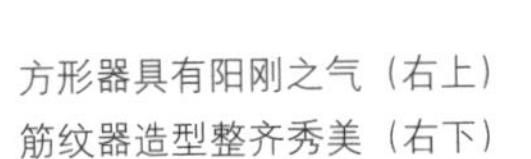
方形器具有阳刚之气（右上）
筋纹器造型整齐秀美（右下）

圆玉润”的效果；稳，指稳定，除顾及视觉安定外，更注重实用的稳定；匀，指整体均衡比例，要求整体与盖、肩、腹、底、嘴、把和足，要比例匀称、浑然一体；正，指制作严谨、规范、挺拔、端正。

（2）方形器：方形器简称“方器”，主要运用各种长短直线组成，如四方、六方、八方和长方等，造型明快、工整、有力，具阳刚之气。紫砂方形器，讲求“以方为主，方中寓曲，曲直相济”。要求比例协调，轮廓分明，块面挺括、线条平正，口盖紧密，气势贯通，力度透彻。

（3）筋纹器：筋纹器是仿生活中瓜果、花瓣的筋囊和纹理。一般在壶体上做若干等分直线，组成如瓜样的筋纹，造型整齐秀美，具有较强节奏的韵律美。

（4）花色器：花色器亦称“塑器”，也称“花货”，考古界称“象生器”，主要取材于树木、花形，如松椿、梅段、荷花、葡萄等，运用捏塑、雕刻、堆等技法，组成壶体、嘴、把、盖等造型。造型上不但注重象征手法的运用，不但“肖形状物”，更重“寄情寓意”。

“三点金”的表面功夫

何谓“三点金”？就是要求将壶盖拿起，将壶身倒置平面，而让壶嘴、壶把、壶身能等齐成一直线。此一赏壶评壶的原则，曾被奉为赏壶的最高标准，当拥壶者凝视“三点金”时，壶钮本乎自然创作法则的大量有机制作就丧失了！它可能因此而失去壶钮原本应有的方便好拿的基本实用条件了。

壶钮可以变异，随时增补、加减形成全新的形态，所以无论它是圆钮、环钮、菌钮、桃钮、

花色器运用象征手法

树皮纹理显示手工制作的况味（1）
壶把线条也是视觉享受（2）
壶足让壶亭亭玉立（3）

竹结钮、花式钮或是动物形状的虎钮、狮钮、鱼钮，最起码要求是：好拿。如是看来，一个小小的壶盖钮，是否适合人取用？光用眼观的是抓不准的，必须亲自用手拿拿看才知道。

壶嘴作为蕴藏茶汤玄机之处，茶汤涌现变化自其而出，终究离不开壶嘴的出水流畅度。壶嘴，是为了方便出水所用，最重要的是出水要流畅，同时水流停止时不会“流口水”，也就是“涎水”。所以，挑壶时，除了靠目测壶嘴与壶身的协调性，还得以水入壶试用看看。

一般认为名师做的壶嘴必须“注水七寸水不泛花”；意思是即使将壶拿得很高倒水，也不会水花乱溅。事实上，让水流通畅是壶嘴的首要功能。有的制壶者为求此效，刻意紧缩壶嘴，使得出水如注，却可能失去壶嘴与壶身的均衡感。

宜兴的壶嘴形式，有所谓的“一弯嘴”“两弯嘴”“三

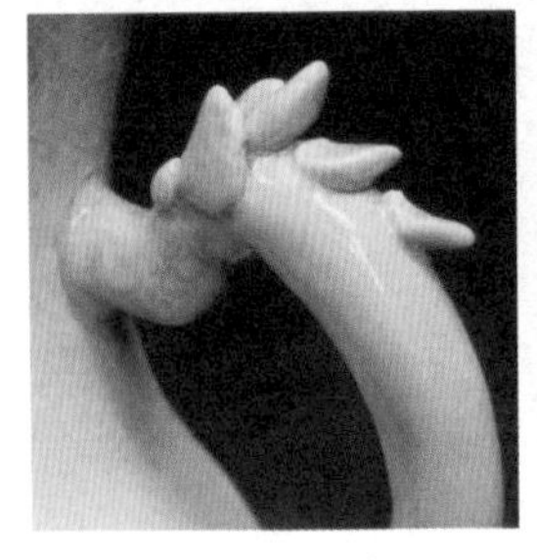

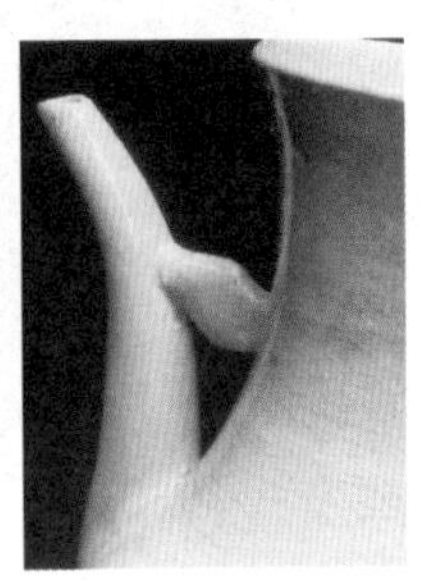

壶把兼顾美观与持壶方便性（左）
水流通畅是壶嘴的重要功能（中）
壶把上塑龙（右）

弯嘴”“直嘴”等不同。但不管嘴型如何，变化多样取巧，都得看它是否兼具出水顺畅与美观的双重效果。

壶把的功能就是为了方便持壶。以宜兴壶为例，壶把形制多，有横把、端把或提梁，不同形制的壶把，必须与壶身、壶嘴做搭配，考量美观之外，最终目的还是好拿、好用。至于在壶把上刻龙雕凤，多了视觉的享受，却也须兼顾持壶的方便性。

从壶把、壶钮、壶盖、壶身、壶嘴到壶足，每个部位缺一不可，尤其壶足是一把壶的安定位置。壶足的形制可分为一捺底、加底、钉足等，无论是哪一种形制，都是要能让壶站得亭亭玉立。

在壶底加了足就是将壶体营造出一个虚的空间；反之，在壶肩上做了提梁，其实就是将壶的空间布满了实的饱满，导壶入实虚的互动空间。

壶把在壶体上回转

壶把放置于壶身上，就将壶的饱满空间架构、壶的虚与实关系彰显。张守智（中国清华大学美术学院教授）在《试谈紫砂壶艺的造型美》中提到：实体和虚空间是指造型形体本身与形体外形相对形成的空间。恰当的虚实对比有利于加强造型的特点和

既“粹”见“全”表现壶的典型

“模具”确保制作的稳定性

装饰性，是取得造型整体感的一个重要因素。

如壶把在壶体上回转构成的内形空间，若可呼应主体形状或其线条的特点，则可起到加强整体感的作用。又如在壶底加上支脚，将壶体架空，加强造型下部的虚空间；或是在肩上架起提梁，增加壶体上部的虚空间；或是以简单的桥形壶钮形成壶顶的透空，这些手法都是以虚实对比的原理以增强造型的气势。

宗白华（1897～1986，原名宗之櫆，字伯华。中国美学研究先行者、哲学家、诗人，江苏常熟虞山镇人）在《美学散步》中提到：“艺术既要极丰富地全面地表现生活和自然，又要提炼地去粗存精，提高、集中，更典型、更具普遍性地表现生活和自然。由于‘粹’，由于去粗存精，艺术表现里有了‘虚’，‘洗尽尘滓，独存孤回’。由于‘全’才能做到孟子所说的‘充实之谓美，充实而有光辉之谓大’。‘虚’和‘实’辩证的统一，才能完成艺术的表现，形成艺术的美。”

将“全”引申到壶体，“粹”可用于壶的配件，既“粹”又“全”，才能表现一把壶的独特，如同观画，虽别无所有，却在赏笔神妙与无限空间的呼应。壶在眼前，能否让人感到其所延伸的无限空间能与天地呼应？如此才能被列为一把“好壶”。

从壶钮、壶盖、壶把到壶身，每一个细节在制壶者视之为创作品时，都不能忽视，不能让哪一环节有疏漏。壶在精实结构中隐含许多门槛，然而更多的壶却是批量生产，安装生产线，在壶的模件体系中便用“挡坯”来助成制壶的

“壶盖”的摆放方向影响整体美

优势，确保制壶过程的稳定性，尤其是壶身部分，每一把使用模具制成的壶，只有微乎其微的差别，然后按壶身的位置与作为配件的嘴、钮、把结合为一体。

复制品的迷思

若以创造的观点来看，在创造壶的形体时可以计量，以高度的标准化和精确尺度进行复制生产，那么壶是使用性高于艺术原创性，就不可言喻了。复制进行时，会出现标准化的部分；但在同样的挡坯壶体外，必定还有细致差异之处，像壶嘴的变换、壶把的伸缩，只要在细部“动手脚”，壶便产生了个性化的差异。

惟面对可复制的壶，一个个排列在原形或稍作装饰的序列之中，在壶家眼中或以复制为耻，更难将绝对原件和复制品差异而予以切割。班雅明（Walter Benjamin，1892 ~ 1940，德国哲学家）《机械复制时代的艺术作品》中认为：“一件艺术作品，倘以技术手段加以复制，就会丧失其风采神韵。”那么今日被玩家视为珍藏品的“名家壶”，是否也必经此试炼：也得面对复制后丧失风采神韵的风险与考验？

壶的创造力若被毁灭了，那么藏壶家又如何审视手中的一把壶？又能用何种角度去观壶知本性？

一把壶生机盎然，必定具备使用上与视觉上的稳定性。壶的平稳与安定出自其造型工艺，壶的造型必以形体中心为轴。轴线恰如其分聚集，整把壶的重心就在这条中轴线上，向上延伸到壶盖、壶钮，向下延伸到壶底。视觉上，轴线下端的壶底成为基础，其大小影响一把壶的稳定性。

中轴线往左右延伸，壶的肩部、腹部变换即将牵动壶整体造型。因此壶底大，重心下移，壶的腹部较矮，也会让壶较为稳定，造型与重心自然往下，壶看起来就会较为稳定；反之，壶体高，底部小，中轴线向上提升，壶的重心跟着上移，壶的造型就会看起来较轻巧。

精巧的壶稳重却不笨重，造型上的巧思安排化解了壶底因体积大带来的视觉呆滞感，灵活应用嘴或把，让壶造型的整体结构趋向均衡。

壶体、壶嘴、壶把均衡配置

一把壶的嘴或把有任何一方过重，会使壶的造型失去准头，偏离中轴线，整把壶不是头重脚轻，就是左右失衡。壶由稳定性发展到均衡性，得靠构成壶的三大元素：壶体、壶嘴、壶把的均衡配置。同时，配合持壶的稳定性，在使用上有助注水的流畅。

一般相信，制壶家必依循一定规范严格选配壶嘴，或设立壶把种种形式，并不会草草了事。制壶家会建立制壶守则来保卫壶的文化传统。这即所谓制壶的“正宗”法则。若是偏离此法则，壶器必会褪色了，壶的造型之美被忽视了，取而代之的是扩张制壶家的名气。如此名壶也只算是“虚名”罢了！

那么什么是“正宗”制壶法则？终究造型上的美而言，必须考量到壶嘴与壶把的对应，制壶家得以人体为度量之法，来看制壶的方寸，拿捏得宜，就可将壶的中轴与核心做最有效的配置：就是将壶嘴安装比壶把外倾，让原本双平行线下的壶嘴拉到平行线外，如是壶嘴和壶把在视觉上，多了一层活力洋溢的触动，这正是藏壶家心目中量度好壶的第一要件。

方寸之间辨古今

一把壶到了眼前，轻轻在壶把与壶嘴扩展平行线，就可以展开寻找壶的“方寸”所在，更可确立壶身、壶嘴、壶把三位一体的布置。

清康熙孟臣壶遇上当代仿古壶，它们的壶盖都具有高水墙，但两者前后相距两百年，壶的形制依然不变，只是胎土变化略有差异。如何才能辨壶古今？不能只用款识当佐证，关键点在壶神韵！神韵又怎么看呢？

清康熙孟臣壶形制的壶嘴若纤纤玉指般丰润，气韵生动，怡然自得；而后仿的壶嘴，尺寸口径如一，看来神似，却不经意露出它的真面目。

三角形法告别“模糊年代”

判断壶的年代是门大学问！是康熙年制或是乾隆年制？概约性的断代法常令壶家陷入迷恋中的迷惑，身处灰色地带而无法自持。告别“模糊年代”吧！专注在壶的神韵，就知其真相：

将壶放入倒立等腰三角形的度量规制中，马上可以看出壶的比例问题！应用倒立的等腰三角形度量一把壶，可分下列三个步骤：(1)先用壶底为中心点；(2)壶口为顶线；(3)画出等腰三角形。

壶把与壶嘴的位置若已站在量度的高曲度上，正说明此壶的整体均衡良好，在等腰三角形线条中的壶形，更应以壶应具有的气韵意趣为宗旨。

壶器的做法反映时代风格，并有与时俱进的调性。文人爱壶以器小可以把玩为上；然，民间品名壶容量得适宜，必备其方便性，但都不应脱离对壶的基本要求；“方非一式,圆不一相”。这里看到壶的形体不一、变换饶趣。初入门者看壶却难合形悦影，以此前进远离了壶的真实性。因此爱壶得先从壶的造型中找壶的意趣，才能得知何谓“离形得似，不似而似”，这也是藏家、玩家的境地。

是精神，是气韵，是动

宗白华在《形与影》中说:“离形得似的方法，正在于舍形而悦影。影子虽虚，恰能传神,表达出生命里微妙的、难以模拟的真。这里恰正是生命,是精神,是气韵，是动。”这样的美学观正映合了壶器带来的意趣所在。

然而，有些藏壶者却少用时代变迁造成壶形变动的事实，来看壶的造型美，反而追寻以明清时大彬（生卒年不详，明末万历年间陶艺家，号少山，江苏宜兴人）、陈鸣远（生卒年不详，字鸣远，号鹤峰，一号石霞山人，又号壶隐，江苏宜兴人）、杨彭年等名家名壶。且用玩壶度量法，将等腰三角形用在今日壶器上，就不难看出壶是否出自高手!

以陈鸣远南瓜壶为例,《阳羡名陶录》:“鸣远一技之能，间世特出。”“南瓜壶”以瓜形为壶体，瓜柄为壶盖，瓜藤为壶把，瓜叶为壶嘴，构思巧妙，雅而不俗，现藏南京博物院。若以陈鸣远为例，应用上“等腰三角形”度量法时，将南瓜壶的壶嘴与壶把放置在两平行线里，就可见壶把曲度与壶嘴延伸方向相同。这种壶嘴、壶把的延伸拉开壶形，传神地表达出一把壶的气韵。

另以现藏南京博物院之“大彬款天

大彬款天香阁砂提梁壶

结构重心自然往下

香阁砂提梁壶”为例，虽经宋伯胤（前南京博物院副院长）判鉴为“明末高手仿制”，但对该壶的巧思却大为赞美：“底部大，平平地落在一个平面上。从肩以下，壶身逐渐溜圆，使造型的重心亦随之下移，从而在底部增加了足够的重力，当然也就增加了壶的稳定性，使人或有悠然之感。提梁特别高大，拱起如长虹卧波，在壶身上部为人们留出一个一望无际的穹隆空间。”

同样地，宋伯胤亦启动了“等腰三角形”度量法，用以独到地观壶，同样的观点也获张守智认同，他说：“这壶的重心在壶体下部，造型稳健庄重。但通过提梁的回转，构成壶体上部的虚空感，使整体舒展大方，增加了整个造型的气势。提梁所形成的完整空间，亦增加了造型的装饰感。”

造型的基本构思是一个“圆”字。从正面看，圆圆的壶身和圆圆的提梁重叠在一起，轮廓线相互交叉并受到阻断。因而使圆形的主体感分外强烈。将一把壶的造型装饰用“圆”为轴心，展沿出来的观壶术也提供了今后赏壶的可期脉络！

造型与实用意义

赏壶之美，观造型之气。名家壶因名气大，壶显重要；但名家壶的制壶者却

藏玄机：壶在模件化体系运作，由不同部分如壶身、壶嘴、壶把组成，部件可由陶工一人独自完成；但均可分别而作，也可分由不同人制壶部件再组装一体，面对如是标准化复制的一把壶，却又在各自的部件里进行变异、创造，进而形成全新的形态。

这也如同上述“大彬款天香阁砂提梁壶”系由时大彬名家壶变异而成，而赏壶者亦可由此壶的变化进而认同，更由壶所揭示的工艺技巧给予肯定，至于是否为“大彬”本人之作，在壶本身所显出的造型之美，已是玩壶的次要问题了。

将一把壶视为是创作，制壶导入陶瓷制成工序，成为模件化系统的应用时，壶的造型实用与意趣就双双凸显，成为玩壶赏壶必备的要素。

加强造型下部的虚空间（上）
嘴、钮、把结合为一体（下）

3章

[材质]

配置与况味

壶联结茶，『茶壶』连为一体，是浇饶出芬芳、甘醇的容器。壶器发展在品种与产地方面，经历历史风华沿革，历经了单色釉到彩瓷；从少数窑口到中国各地的窑场，壶器在官窑与民窑体制下互现华丽与简朴的风格……面对将壶视为为茶服务的器皿，壶的实用性受到时代风格与窑口的变因影响，而其间壶的材质因不同条件烧成的壶，用来煮水品茗时更显出变化与极大的况味！

壶，为茶服务

窑系概念紧密结合

赏壶以类型学（typology，注1）为方法，可以从壶的外部形态演变顺序中，使同一功能的壶器在不同时代称谓中进行归纳梳理，进而深入时代品茗不同风格时，可以更清晰明白壶的演化，以确知壶在形态上的流变是其来有自的。另以材质来看，今人可见壶的材质万千：陶、瓷、金属、玻璃……

不同材质制成的壶器，到底哪一种好用？西方品红茶爱用瓷器、银器，东方品茶则以陶瓷器等多样化来搭配青茶、白茶、绿茶、黄茶、黑茶、红茶等等。而自唐宋以降，品茗风气昌盛，已知晓各地因茶用器，搭配应用各地不同窑口所产器具，而归结壶的材质与茶的亲密关系。

以材质表现同时性符号

唐人苏廙（生平无考）说："贵欠金银，贱恶铜铁，则瓷瓶有足取焉，幽士逸夫，品色尤宜，启不为瓶中之压手，然勿与跨珍街豪臭公子道。"唐代壶叫"瓶"，深为幽士逸夫所爱用，他们因使用经验而爱上瓷瓶，借此让茶汤颜色更真实，更显雅趣。光是瓷瓶，就是大学问。

纯金壶以明壶为师（上）
银质影响品茗况味（下）

注1：19世纪末20世纪初，在语言学及逻辑思想的影响之下，类型的观念在思想界获得一种新的中心地位。这时产生的是非常抽象及一般的类型理论，在许多不同的领域中，形成系统的学问，谓之"类型学"。

壶所用的材质，应用广泛的要数陶瓷器，盖因其可塑性高，在制壶上意象效果佳。通过材质的变换，可以让壶具有写实的突破与拓宽，这也是壶的材质配置出来的壶情的同时性符号（presentational symbol）。以陶制提梁壶为例，提梁是表现壶情的符号，同样，嘴、盖也具有符号的性质。

一种任意构成的拼凑

壶体容量大小、方圆、曲直的不同，胎土的粗犷与细腻都构成不同的视觉效果。而这种交错同时存在一件作品上的同时性符号横生趣味，令人识壶时不可不察。例如壶盖、壶嘴与壶把的同时性，其实是联系形象具有密切且相互影响的关系，而助长组织意象的效果。制壶者也擅长运用不同陶瓷材质，来表现壶的同时性符号，借使用材质差异来彰显制壶者艺术性的水平高下。

以市场最常见的紫砂壶为例，紫砂本身可塑性高，制壶时对比与调和可以用不同材质来交错使用：壶的造型或以小衬大，用钮的大小来衬托壶身的大小对比。

这种以材质配置的手法其实就像黑格尔（Georg Wilhelm Friedrich Hegel，1770 ~ 1831，德国哲学家）所谓“一种任意构成的拼凑”。其“任意”事实上并不任意，好壶用的材质可在壶的大小对比中取得调和、升腾，更增添了壶因材质的配置多了虚实空间的对比性！

虚实空间·以提梁为例

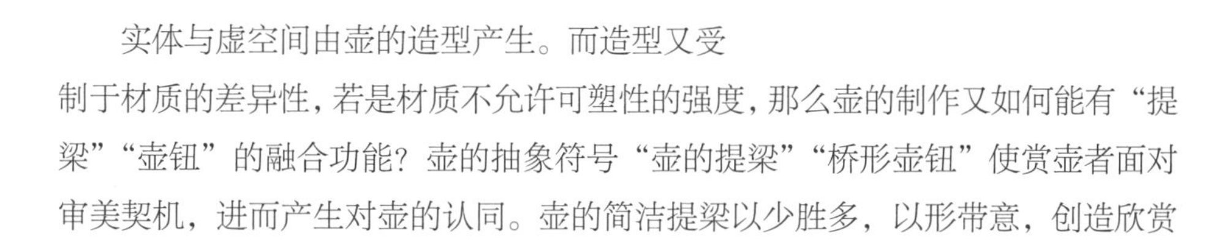

实体与虚空间由壶的造型产生。而造型又受制于材质的差异性，若是材质不允许可塑性的强度，那么壶的制作又如何能有“提梁”“壶钮”的融合功能？壶的抽象符号“壶的提梁”“桥形壶钮”使赏壶者面对审美契机，进而产生对壶的认同。壶的简洁提梁以少胜多，以形带意，创造欣赏

嘴、盖也具有符号的性质（左页上）
用钮的大小来衬托壶身的大小（左页下）
铁壶亦富茶趣（上）
不同材质，哪种好用？（右下）
造型受制于材质的差异（左下）

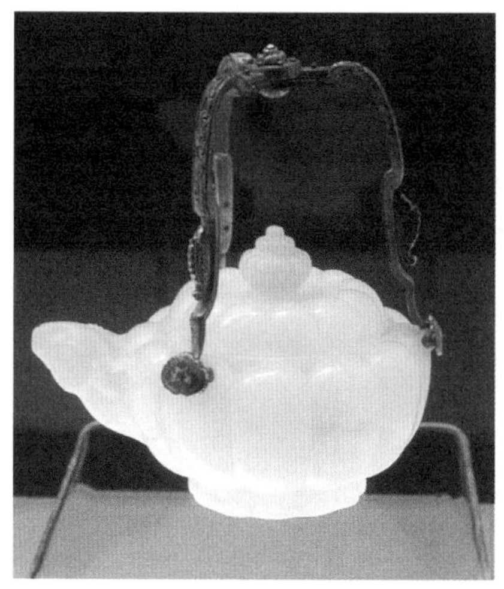

功能，调动了赏壶审美的主动性。提梁除了提壶之外，还是联结多方的纽带。

光以壶的提梁来细分，提梁的宽窄设置不一，按壶身接触部位而定，提梁的顶端是手提部位，不能过宽，需以提拿方便为上；提梁的宽窄得宜，增强壶体两个侧面的效果；那么提梁的长短设置，又得根据壶身主体的高低、大小而定，长短适宜，气势加强。掌握比例关系，造成结构设置合理，直接反映作者对造型艺术的内涵。而材质的可塑性与烧结等现实问题也必须面对。

感性和生命的美

相对壶的整体与局部，赏壶者如何由“局部”创建赏壶的自觉性。面对广阔的藏壶领域而言，不单是壶的市场价格上涨幅度，更是壶令人醉心的、存在形制背后所蕴藏的感性和生命的美。李昌鸿（江苏宜兴蜀山人，1955 年随顾景舟学艺，其设计作品曾获 1984 年德国莱比锡国

虚实空间的对比性（上）
壶的简洁提梁以少胜多（下）

际博览会金质奖）说："鉴，多为理性认识，赏，多指感性认识。鉴赏观玩一件艺壶，不单是去直观它的壶体轮廓，曲直线条、壶嘴、壶口、壶盖、壶底、壶面等结构、章法的匠心与功力、师承、流派与风格。更重要的是通过欣赏，去发掘创制者的意境、情感、气质、审美意识和格调追求的艺术灵性。"

紫砂壶除因材质特性易于创造多样的造型以外，材质本身的实用功能，常为品茗加分。瓷土亦有同等效应。只不过市场上的紫砂壶良莠不齐，因此紫砂材质的"内在美"值得深入探讨。

瓶深为幽士逸夫爱用

紫泥气孔发茶性强

紫砂壶的最大特色在其材质。紫砂原料与一般陶器所用的黏土不同，是高岭—石英—云母类黏土。其含铁量高，具有多种矿物元素，烧成温度比一般陶器高，介于 1100℃ ~ 1200℃，由于胎体由石英、赤铁矿、云母等多种矿物质组成，高温烧造时各种矿物质通过分解、熔融、收缩，发生了质变，产生大量团聚体及少量断断续续的气孔。

紫砂气孔率介于陶器与瓷器之间，吸水率小于 2%，紫砂的透气性、耐热性与隔热性，在冷热骤变时不易炸裂。此为其特性，但制壶材质的小细节都会引起壶器茶汤的大变动，爱茶人必须洞悉究竟。

宜兴紫砂壶所用的原料，包括紫泥、绿泥与红泥三种，统称"紫砂泥"，别称"五色土""富贵土"。其中紫泥属于甲泥层，绿泥是紫泥砂层中的一层，而红泥是位于嫩泥和矿层底部的原料。

合成颜色杀伤力高

紫泥是生产各种紫砂陶器最主要的原料，主要矿物为石英、黏土、云母和赤铁矿。紫泥、绿泥与红泥各有特色，经过粉碎与练泥而制成成品。从矿层中挖出的紫泥俗称“生泥”，露天堆放稍事风化，待其松散，然后用破碎机出碎，转碾机粉碎、过筛，湿水后通过真空练泥机捏练，成为供制坯用的“熟泥”。

绿泥、红泥的提炼与紫砂相同。在泥料中加入金属氧化物着色剂，使产品烧成后呈现天青、栗色、深紫、梨皮、朱砂紫、海棠红、青灰、墨绿、黛黑等多种颜色。这也是“合成颜色”对壶的杀伤力，以这种材质制成的壶发茶性较低，也较难引动茶香。紫砂材质也因常加入其他元素而产生不同效果，若杂以粗砂、钢砂，产品烧成后珠粒隐现，产生新的质感。醮浆红泥、仿金属光泽液等化妆土，丰富产品色彩。

1

2

收藏的自主性

紫砂的特殊材质缔造紫砂壶的天地，然而使用材质和壶的配置与况味之间，依存着模件化手法制壶；但制壶者与藏壶者并不以为意。以汉方壶为例，虽是同一藏品系统，却各自具有收藏的自主性。

北京故宫博物院藏“宜兴窑炉钧釉汉方壶”，其断代为嘉庆年制，高 24 厘米，口径 11 厘米 ×10.7 厘米，底径 14.3 厘米 ×

紫砂壶形器气势贯通（上1）
紫砂“内在美”值得探讨（上2）
炉钧釉高身方钟壶（南京博物院藏）（左）
炉钧釉汉方壶（香港茶具文物馆藏）（右）

“茶壶”浇饶出芬芳

清康熙施釉彩山水高身方钟壶（左）
宜兴窑炉钧釉汉方壶（右）

13.1厘米；南京博物院藏“炉钧釉高身方钟壶”；香港茶具文物馆藏“炉钧釉汉方壶”，其断代为18世纪晚期，澹然斋制，高22.4厘米，宽13.8厘米。以及一把“清康熙施釉彩山水高身方钟壶”，长21.5厘米，宽11厘米，高20厘米。

三把名称一样，皆为方底长流，均为紫砂内胎，外施炉钧釉，器底落款不同，表示汉方壶在成为可以模件化的过程中，或以相同材质进行不同变化的况味。经由解构其制作程序，有助进一步了解壶的材质密码，以及其与茶汤滋味的互动关系。

方钟壶秀创造力

固定的四方式盖、弧形钮与长环柄，正是相同的表现手法，以紫砂内胎材质，扩大了紫砂壶成为可以大量模件化的母体，外施仿自钧窑釉色，组成同样材质造型的“汉方壶”（或称“方钟壶”）。有的露出胎骨本身，有的则用彩绘装饰壶器，这也是同一材质的紫砂壶器既是单独存在，又是联合其他釉色来增色的事实，所以有的是器表施釉彩山水。

上述三把壶在不同时期出现，但制壶家不以此为“仿制”，仍大方落款“华凤翔制”“澹然斋制”，就是呼应了古人制壶。同时，制壶者也不认为模件化制壶

形态流变其来有自

是失去创造力，透过从胎土练泥的差异性，到釉药烧结温度等不断变化的细节，发挥着无穷无尽的创造热情。壶的材质同为紫砂，同样是汉方壶，却具有同等创造力的作品，不同博物馆争相收藏，而不用“排他性”做冷处理，这也反映了壶在材质配置时的多样性，光是紫砂一项就可用参数中的陶土潜藏变数，而产生迥然不同结果。换言之，两把造型与容量相同的壶，以不同材质加以制作，就会产生不同的况味。

吸水率高散热快

然而，爱茶人心中总想用最直接的方式或途径，找出最适合泡茶的壶，因此就会出现“朱泥壶最适宜泡高山乌龙茶”的说法。材质的变动来自上述源头，而茶叶的采摘到制作又何尝不是充满变数？又要如何以“不变”去应“万变”？

材质让一把壶具备了先天的条件，而深入了解壶的材质，可让爱茶人踏入陶瓷的大千世界，除了将壶视为茶器外，其身后广阔而充满魅力的陶瓷世界更引人入胜。

材质带来壶对茶汤滋味的影响，关键在制壶材质本身的吸水率，一般瓷器为 0.1% ~ 0.5%，硬质精陶在 9% ~ 12%，软质精陶为 17% ~ 21%，吸水率高低直接影响壶器的散热快慢，在品茗实际操作时彰显其发茶性的程度。吸水率高，散热也快，易诱发茶香，而壶内茶汤也较容易转凉；相对而言，吸水率低，散热较缓，壶内茶汤转凉速度较慢。可参考下面《吸水率辨茶表》：

吸水率辨茶表

吸水率低（小于0.5%）	绿茶	白茶	黄茶	青茶	黑茶	红茶
香气	嫩香	清香	板栗香	高锐	陈香	甜香
滋味	鲜爽	嫩鲜	鲜醇	韵味	醇厚	甜和
吸水率高（大于0.5%）	绿茶	白茶	黄茶	青茶	黑茶	红茶
香气	平和	平薄	香短	高郁	钝熟	焦糖气
滋味	味长	味淡	软弱	醇正	收敛性	味强

说明：

（1）吸水率指陶瓷本身遇到水时产生的瞬间变化。

（2）香气、滋味的相关语汇是依照“茶叶审评指南”加以订定。

（3）六大茶类是根据不同的发酵程度加以分类。

（4）每把壶的吸水率与材质互动变因多，此表为参考值非绝对值。

（5）六大茶类下细分许多品目，在香气与滋味的互动变因多，此表为参考值非绝对值。

4章

[装饰]

细琢与蕴含

由材质带来香气与滋味的不同实质用途，再由壶器装饰的细琢去抚摸一把壶器所蕴含的深邃。在历史长河中，壶的出现成为饮料流动与人类文明契合之物，谁又能知晓原始社会中因壶连动的生命之歌？谁又能单向指涉壶只能成为桌上的品茗器物？

设色增添壶器神韵

秦至西汉·壶口似盘

壶在历史上，不同时期有着不同的造型与功能，基本造型小口直颈，球状或扁圆腹，平底或圈足。这种器形，新石器文化遗址中就有所发现。秦至西汉，壶口似盘。壶自东汉开始，器形就十分多样化了：三国至隋的盘口壶、唾壶、多系壶或鸡首壶，各种样式虽都称“壶”，却与今日所见的壶有所不同。从“壶”的历史脉络，可助明辨“壶”的属性，发掘“壶”的本意。

唐代社会茗风大盛，各地窑址制壶以满足品茗需求，壶进入辉煌的实用阶段。壶因不同窑场制造，形制多样化，加上釉色变化多，历代制壶有不同称谓，惟其实用功能不变。

各地窑口百花齐放

壶的叫法不同，有多重实用功能：作为品茗时的盛水器之外，同时可当注水器！在历代更迭中，壶的造型与材质不断变动，壶器本身也留下了璀璨的装饰流变。有关壶身上的装饰因其工艺有不同手法，或剔花、刻花、雕塑……写下壶器工艺的细琢与蕴含，至今闪透着不朽艺术性的光辉。

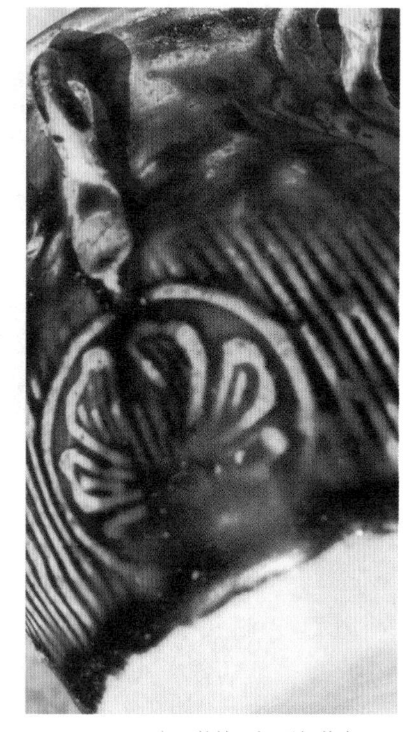

壶嘴纹饰聚焦众人眼光（上）
壶器花饰是青春永恒的灵魂（下）

自然作意的默契

壶器器表上的纹饰，描写山川、人物、花鸟、虫鱼，表现着深沉静默与自然融为一体。一把影青水注壶器表的花样，虽静而动，流泻着与自然作意的默契，不论是剔花或印模上的花样，都意味着借水注面向自然所得的一片空明！壶的表面虽只是寂静的筋纹，或是一朵云彩纹在釉下的神采，却带来每次提壶注水具足心灵的活跃。一把壶器花饰是自然的结构，是青春永驻的灵魂。

就在一件长沙窑水注看见唐画，看见唐朝人留下的真迹：运笔用铜红色绘料，叫山水飞鸟活灵活现，正是旷邈幽深的表现！或另见一把水注的空白釉表，正是自然留白，虚无中可见气韵生动。

以壶器配件来看，壶盖上的纹饰聚焦众人眼光。壶盖上的钮有了如意纹饰的出现，不正写白了一天的称心寄托，加上二三鱼纹凸起于壶嘴，宣示着如鱼得水的无限生机。壶器上的一花一鸟，让人发现无限可能，成为追求超脱的影射！

如鱼得水的悠游自在（上）
壶器装饰流变璀璨（下）

中国南北各地的窑场，不停歇地创造壶器上的纹饰，留下永恒的线条，令人抚壶生情。陕西耀州窑青瓷水注，独具魅力。用写意的剔、刻、印三式，留下水注壶的黄金印象。

而北方耀州窑正和南方越窑系出同门，惟耀州窑的声名远播，在传世耀州窑水注身上，乍现纹饰之惊世之美。

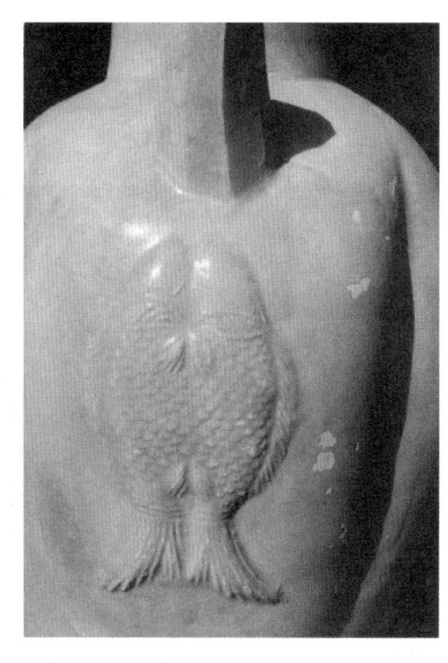

贴花双鱼，气韵生动

耀州窑刻划花意

耀州窑传世水注不断出现惊奇，就在纹饰的创新，遥想当年品茗茶叙触目所及的美器，加上芳香茶汤等待品用的期待之情。

五代时，耀州窑受越窑影响流行划花，纹饰有水波纹、花叶纹、钱纹等等；北宋时，刻划花极度繁荣，装饰题材大为增加，常见梅、兰、竹、菊、莲、牡丹、葵、石榴、海棠、葡萄、灵芝、如意、水藻、卷草等，纹饰多采“偏刀”技法刻成，刀痕犀利，线条粗放，图案凹凸分明，釉色深浅相间，有瑰丽的立体效果。

宋《德应侯碑记》描述耀州窑产品：“巧如范金，精比琢玉。始合土为坯，转轮就制，方圆大小，皆中规矩。然后纳诸窑，灼以火，烈焰中发，青烟外飞，锻炼累日，赫然乃成。击其声，铿铿如也，视其色，温温如也。”正因为耀州青瓷具有温润如玉的釉色。这也是品茗时器色带来的恬静，以及稳定力量的根源。

龙泉鱼纹生生不息

北方耀州窑水注风光，南方景德镇青白釉瓷壶、浙江龙泉窑青瓷模印鱼纹亦不甘示弱。纹饰表现手法传承沿袭，到了元明以后，开始出现釉下青花瓷用钴料来绘成写实的鱼纹，像是鲇鱼或鲤鱼等等，都是借此来表现生命力。尽管时代在变，在一款纹饰的不变中力求差异，可看出制瓷的用心。

例如：元代绘鱼的张力写实，明代鱼纹的温文尔雅，清代鱼纹则雍容华贵。如鱼得水的悠游自在，恰似品茗时自主性的闲适，经由器表的纹饰带来视觉的飨宴，在青瓷的贴花枝叶中更见趣味。

元代龙泉青瓷的贴花大多与厚釉青瓷结合在一起，题材有牡丹、菊花、荔枝、云朵、龙、龟、鱼及“寿山福海”“龙浆凤脑”等字。壶上装饰情景有若唐人元稹（779 ~ 831，唐代文学家，字微之，唐河南〔今河南省洛阳县〕人。穆宗时拜相）的《菊花》诗境：“秋丛绕舍似陶家，遍绕篱边日渐斜。不是花中偏爱菊，此花开尽更无花。”这也正体现品茗带来的精神愉悦，也诉说着青瓷水注壶上出现无穷的曲线，经由剔花或压花线条来装饰水注的深远幽境。

纹饰的感官之乐

壶的纹饰也常是寄寓心灵的艺术之境，如莲瓣纹、焦叶纹、松树纹，以及四君子花

梅兰竹菊，反映内心（上）
竹节纹饰隐喻文人风骨（下）

卉纹的情感表现，纹饰是客观的自然生命，使持壶者沉浸于纹饰带来的感官乐趣。

莲花、莲瓣纹是佛教装饰图样，深深影响瓷器装饰，尤其是茶器。这也说明茶与禅佛修为的互动，是可借助器物的纹饰而展开心灵交会的起航。水注壶器普遍使用莲瓣纹，当元、明瓷上的莲瓣纹或以仰莲、覆莲两种面貌，出现于瓶肩与周底时，茶席上的壶器不正是一株不染的莲花吗？

明青花瓷常见松树纹

这种洗涤心灵的纹饰，恰如越窑青瓷划花剔出的莲瓣花，或是明以降采用双线勾出抽象的空灵，在这样器表上的明暗有致和单纯神韵，品茗者闻见花纹的形象跳跃婉转，并融入合流的花纹条理。这也正是原本物相的蜕变！纹饰有了节奏，壶器表的花纹倾倒四溢茶香，这时茶汤滋味外的实相与品位交集了，是品茗时最先带来的沉静！花的绘工是平面的精灵，壶器上用剔花、设色，增添壶器的神韵。

山石纹化实相为空灵

壶器的纹饰化实相为空灵，以极简单朴实的形体线条，建构典雅庙堂。以壶器上出现的山石纹为例：山石纹在元、明、清的瓷器上作为背景而常常出现，配以树木、栏杆、松、竹、梅、香几、人物、走兽、花卉等。不同时代的山石纹各异其趣：元与明初较写实，明中后期趋向写意，清初转向写实，同时在官用与民用上有了分野。官窑器上的山石纹工精致而写实，民窑瓷上的则粗放而写意。

如是看壶器的纹饰，令人赏壶有如赏画般的愉悦！

山石纹与同时代的山水画有密切关系，两种艺术形式是相互启发与影响的。元青花的山石纹配合人物、松树、花卉纹用，造型简洁雄浑有力，以写实为主；出现在明代瓷器上的山石常被画成太湖石状，特点是中有石孔，呈螺旋状。清康熙青花壶可嗅到“四王”（指清初王时敏、王鉴、王原祁、王翚四画家，承续明末董其昌，以摹古为宗旨，成画坛主流）的山水画气息：画“山”而非画“石”，由于康熙青花色阶层次很多，因此与纸上山水已取得相同的效果。

这种品茗赏器的余暇为今人敞开走入古器的阶梯，瓷壶上的松树、山水都自成格局，是一种品茗的奢华。手捧青花原作，在百年不朽的烧结下，赏器赏茶，何等乐活！

松树纹历代不同

松树纹在青花瓷上常做主题或作为辅助纹饰，明代官窑和民窑青花上常见松、竹、梅纹，但仔细观察却别有风味。

明代青花瓷上的松树纹如马尾松造型，松针细长，树干盘曲，树皮画成鱼鳞状。元代后期制品中有的画成五针松，圆球形放射状松针。明代瓷上的松树纹画成五针松状，松针

青花莲花唐草纹水注
15世纪前期（明初期）

短而呈放射状。明嘉靖、万历民窑青花上的松树纹将树干画成盘曲的“福”“寿”等吉祥字。清初康熙青花汲取了中国山水画技法，松树配在山水景中，以写实为主。

如是细看壶器上的松，好似游历古今书画之林，穿梭在品茗与文化交织的丰富中。

常见的水注纹饰

明初莲花唐草纹水注在壶嘴用莲花姿影盘绕，通体嘴底部则改用唐草纹，让器形显现华丽，圈足处则用了波形浪潮纹而自成风格。常见水注壶器上的花纹，如明初青花芙蓉水注，一朵盛开娇嫩的芙蓉花吸引众人目光。明初果实折枝纹水注的丰饶瓜果，加上植物树木类，是水注上常见的纹饰。

（1）果实：常见的果实纹饰有：枇杷、樱桃、瓜、桃、荔枝、石榴、葡萄等，系取具体形象来表达意象与感情。青花果实折枝纹水注上绘有枇杷。《花镜》说：“枇杷一名卢橘，叶似琵琶，又似驴耳，秋蕾，冬花，春结子，夏熟，备四时之气。”将枇杷视为吉祥之果，比喻成“满树皆金”，也成用壶时的想望，将“满树皆金”的壶握在手上，再泡饮分享，品者不正浸淫这幸福滋味？

（2）花木：青花莲花唐草纹水注上绘有莲花纹。《爱莲说》记载：“予谓菊花之隐逸者也，牡丹花之富贵者也，莲花之君子者也。”莲

青花果实折枝纹水注　15世纪前期（明初期）（上1）
青花芙蓉纹水注　15世纪前期（明初期）（上2）
青花凤凰纹兽形水注　16世纪中期（明末期）（左）
青花麒麟纹水注　16世纪后半期（明末期）（右）

花被称为“花中君子”，与牡丹富贵吉祥隐喻被广泛地用在壶器上，如同青花芙蓉纹水注壶具吉祥之意。蓉与荣同音同声，花与华同音异声，芙与富同音异声，牡丹寓意富贵。来自吉祥花卉的意象，是壶器上的艺术创造。

（3）兽物：常见兽纹造型有龙、麒麟、狮子、兔、象、鸟、水牛等。青花麒麟水注壶的麒麟纹为四灵之一，其牡为麒，牝为麟，相传体为麋而呈黄色，尾似牛，首为狼，有角一根，足呈马形。《诗经》有注：“有足者宜踶，有额者宜抵，有角者宜触，惟麟不然，是其仁也。”《广雅》说：“含仁怀义，音中钟吕步行中规矩，不践生虫，不折生草，不入阱陷，不行网罗，明王动静有仪则见，故毛虫三百六，麟为之长。”

（4）鸟类：常见的凤、鹤、鹭、鸳鸯、雉，在青花凤凰纹兽形水注可见。鹤是禽类的宗长，有“一品鸟”之称。《相鹤经》记：“鹤阳鸟也，因金气，依火精，火数七、金数九，故十六年小变，六十年大变，千六百年形穴而色白。”鹤与龟都被当作延寿的吉祥动物而受人重视。鹤画成圆形时称为“团鹤”，口衔桃花的则为“鹤献蟠桃”，鹤善舞，所以“舞鹤形”常被引用，两鹤相对而

青花绘出的笔触多样（上）
感染文人的品茗氛围（下）

舞叫“双鹤对舞”。

（5）山水画美妙意境：元明青花发展臻于巅峰，就将一幅山水藏在壶器上吧。壶器山水带来极美意境。宗白华在《美学散步》中说：“倾向抽象的笔墨表达人格心情与意境。中国画是一种建筑的线条美、音乐的节奏美、舞蹈的姿态美。其要素不在机械的写实。而在创造意象，虽然它的出发点也极重写实，如花鸟画写生的精妙，为世界第一。中国画真像一种舞蹈，画家解衣盘礴，任意挥洒。他的精神与着重点在全幅的节奏生命而不黏滞于个体形象的刻书。”

壶器摆脱模拟写实，使自己取得独立性格，赋予了每把壶器自身价值。由此壶家制壶时的感受与观念，有了更自由的展现，壶器的实用性尽情发挥。壶器纹饰变化就在品茗习约里发展，进入文人茶的情境。

明青花人物映照文人社会

从明代废团茶改饮散茶后，壶器中纹饰的发展由山水、花鸟到人物……尽管变化多，花样不一，却有总体的趋势特征，那就是以青花绘出的笔触多样，生动活泼，舒畅流动……让壶器的纹饰感染文人的品茗氛围。

壶器上的高士人物纹饰是一种真实的想象，以写实图像的文人自身，若仙飘逸的意识形态，直接放在器表。纹饰具有肯定自身的意义，也蕴含壶如其人的会意成分。

壶器的单色釉，像是青瓷、白瓷、黑釉壶器，隐藏着空灵、含蓄、平淡。以单色釉含蓄的细洁润净，趣味高雅，体现以品茗共同追求的韵味和茶的真味！这种寓意好似陶渊明的“采菊东篱下，悠然见南山。此中有真意，欲辨已忘言。”文人以壶的装饰图案或釉色，来表达内心对茶的“真味、忘言”，品茶真味莫非如此！

喝口甘美好茶

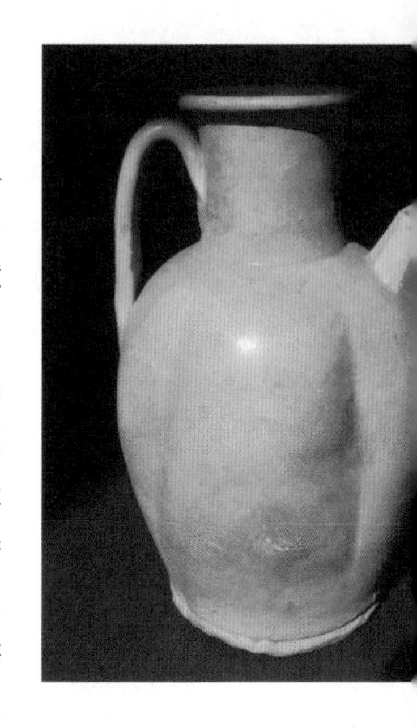

文人欲由壶器装饰图案表达深层内省、品茶饮动的人生观，也重视茶与壶内在联系所能企及的泡出茶汤美味。这样的焦点放在味蕾和茶味愉悦，和谐对味。品茗时留意壶器注水的高、低、轻、慢、缓、急，在壶嘴轻泄当中转瞬，这期间让茶汤安宁平静，或是高昂扬起变换，则是兼顾现实。

然而，文人只是企图要喝口甘美好茶？由茶器勾连内心之境，在单色釉的隐逸中，将品茗解读成是一种退避社会的消遣？还是当享有荣华富贵后，一种心理的补充与替换，一种借茶与壶的回忆和追寻？郭熙（1020～1109，北宋画家，字淳夫，河南温县人。宋神宗时为御画院艺学、待诏）的山水画论著《林泉高致》："君子所以爱夫山水者，其旨安在？丘园素养，所常处也；泉石啸傲，所常乐也；渔樵隐逸，所常适也；猿鹤长鸣，所常亲也。"

由泉石、渔樵、猿鹤所构成的山林生活，少不了与茶勾连，这也是今人在明青花壶上常见的装饰，它们真实地诉说文人品茗的风雅。《林泉高致》："真山水如烟岚，四时不同。春山淡冶而如笑，夏山苍翠而如滴，秋山明净而如妆，冬山惨淡而如睡，画见其大意而不为刻画之迹。"此处所说的是四季迭起的意境。藏壶观其装饰何尝不是如此？壶的纹饰本身传达的绘工之美，反映当时的时代风味，

更闪烁着壶人心中对美的追求。

瓷壶上图绘的装饰笔法

李泽厚（湖南长沙人，1954年毕业于北京大学哲学系，为中国社会科学院哲学研究所研究员、巴黎国际哲学院院士、美国科罗拉多学院荣誉人文学博士）评明清的壶："明中叶的'青花'到'斗彩''五彩'和清代的'珐彩''粉彩'等，新瓷日益精细俗绝，它与唐瓷华贵的异国风，宋瓷的一色纯净，迥然不同。也可以说，它们是以另一种方式同样指向了近代资本主义，它们在风格上与明代市民文艺非常接近。"

将壶器表面图饰看成一幅画，没有挂轴，却有环绕以壶形而成的画面。在历朝各代的壶器中，壶面装饰成为时代风格画的记录。或是壶上的绘画非名家手笔，只是精练熟悉、为生活而画的笔法，却真实表现了民间艺术的活力与大众生活的写照。

瓷壶上图绘的装饰笔法，自唐长沙窑以降，到了宋代大大出名，以画体做分析。

许之衡（清末民初人）写《饮流斋说瓷》说："本色地加彩盏始于宋……或谓始于明者，非也。"在《说花绘》中提到："瓷之有花，宋代已渐流行。"瓷壶上画彩花绘又分单色绘和复色绘两种，磁州窑以白地黑花，或是黑地铁釉绘彩，笔法简单具象征性，错落有致，或用双勾法，如院体画。（注2）

明代的壶笔法精劲，人物画用笔略有泼墨之意，如吴小仙（浙派名家，名伟，字次翁，江夏人）的细笔线刚劲，多见骨力，花绘多双勾，又加上设色，山水有北宗的画风（注3），近于"浙派"。如是观察各时代壶器上的纹饰，赏壶好似赏画。

纹饰有了节奏（左页上）
壶上山水（左页下左）
赏器赏茶，何等乐活（左页下右）
就将一幅山水藏在壶器上（右）

清初山水画皴法见长

由历代瓷壶绘工来看，宋瓷古拙、写意；明清走甜美风格。看瓷壶的绘工如同鉴别卷轴画。童书业（1908 ~ 1968，字丕绳，号庸安，安徽芜湖人）认为："各时代总有各时代的作风，细细观察，仍可分辨，例如清初山水画皴法较为见长，尚有宋元遗意；中叶时画笔较为板滞；末叶则较放纵，然总以笔法为主。近人的瓷绘，山水则墨胜于笔，或太甜媚而近纱灯画；人物则勾勒工致，花卉则点染秀净，以描画精致见长，都与近人画格相合，古拙之气究竟不及古人。从这几点上，我们不但可以鉴别瓷器画，就是卷轴画的鉴别，也不外乎此。"

将瓷器画面鉴别视同卷轴画的判别法，或以为是想象的扩大。事实上，壶器纹饰挥洒自如，用笔行气实多有可看之处！

青花水注上的纹饰大抵使用勾、拓、涂、点笔法完成，有的用青料一笔勾勒画成，有的用勾勒点绘，留下明显笔痕；不然就是像绘画技法中的单线平涂，在双勾线条纹内填青料而成，亦可见米点山水用侧笔点拓而成。而在纹饰种类上以花纹、鸟纹或是人物纹，变化多样；见水注壶身上的青花绘，仿若见一件元、明、清时期画作的再现！

将画搬上明清壶器并成为纹饰，"其画"不会受潮受损。壶器上的画，也为赏壶者开启一扇艺术之门，从各式各样的壶器纹饰中见到，中国绘画与品茗文化更深层的面貌。水注壶器，竟蕴藏寓意的情愫。

注2：简称"院体""院画"。一般指宋代翰林图画院及其后宫廷画家比较工致一路的绘画。亦有专指南宋画院作品，或泛指非宫廷画家而效法南宋画院风格之作。这类作品为迎合帝王宫廷需要，多以花鸟、山水、宫廷生活及宗教内容为题材，风格华丽细腻。

注3：晚明董其昌提出了山水画"南北宗"的理论，借用禅宗"南顿北渐"的特点，比喻山水画南宗画崇尚士气、尚质朴、重笔墨，而北宗画则是画工画，重功力、重形似。

青花瑞兽鼓腹壶"大明宣德年制"款

5章

容量

精巧与大气

壶的容量，影响置茶量，牵动注水量，是品茗泡茶时的决胜关键。然而，持壶者容易忽略一把壶实际的容量，依据视觉来判定壶是『大壶』、『中壶』或是『小壶』的粗略概分法，常令持壶者措手不及。用俗称『三杯』、『六杯』或『八杯』的意象语言来指涉壶的大小，这种既存模糊又真实的壶量认知，常困惑着持壶者：壶的容量到底如何才能掌握得宜？

婆娑世界待人寻幽

容量不单是容积量

明辨壶的容量不单是看此壶装水的容积量，而是在泡茶前先分清楚所用茶杯大小，思考每一次注水泡茶所得的茶汤能供几人分享？

误判茶容量，错估茶浸泡在壶里的空间，正是常引用“壶里乾坤大”的“模糊化”（Fuzzy）。（注4）“壶里乾坤大”在壶的容量上，到底是可以计算，抑或是无法衡量？

在品茗感性认知上，从温壶用水的容量到置茶量，在运壶帷幄中，泡出茶的精巧。一把壶引来绵密连环效益，同时受茶种不同而带来的差异化，想泡好茶得掌握着茶汤在壶里的隐秩序。

茶汤中的隐秩序（implicate order）系引用20世纪50年代初期，物理学家大卫·波姆（David Bohm）的观点：凡事物内部各个部分之间的关系，有隐藏性的秩序，因而各个事物都具有不可分的整体性，而每一部分包含着其他部分乃至于事物整体，环环相扣与相互影响。

隐秩序看茶汤

用“隐秩序”的概念来看茶汤，在显著可见的外表秩序下，隐含着一种排列组合的秩序，非得用心便无法领略其中堂奥！透过味蕾对茶汤隐秩序的解析，就能品出茶隐约的香与地气所酝酿的深层滋味。

用心聆听茶汤中的隐秩序在诉说什么？泡茶时的小细节常被忽略，唯有洞

注4：“模糊理论”是由美国加州大学伯克利分校L.A.Zaden教授在1965年提出。

不同的容量又牵动茶汤

察茶汤的隐秩序，才能找回茶香的原点。原点，正是品茶人味蕾的觉醒，让爱茗者贴近茶汤太和之味，领略喝茶的荡气澎湃。更让人体会茶世界的精妙。

解构茶汤的隐秩序，要从明白壶的容量开始。掌握泡茶的活泼性，才能知晓茶汤释放的光亮，才能明白壶解构茶香与茶滋味的灿烂！

不是约制的量化

对壶的容量不单是科学约制的量化，同时在泡茶、置茶、注水、分茶汤的“流动”之中，每一次泡茶的来来去去都存在着茶汤的隐秩序。掌握隐秩序，激起泡茶人的喜悦，才能把茶的美香激起、昂升。

冯可宾《岕茶笺》中说：“茶壶以窑器为上，又以小为贵，每一客，壶一把，任其自斟自饮，方为得趣。壶小则香不涣散，味不耽搁。”《阳羡茗壶系》：“壶供真茶，正在新泉活火，旋嗡旋啜，以尽色香之蕴。故壶宜小不宜大，宜浅不宜深。”

古人用壶习惯受到茶种类影响，有其本质上的局限性，壶“以小为贵”对于现代人来说，壶只能装少量茶汤，只能在闲暇时品用。但，在审看壶的容量外，我们还看到壶自然充满表现力的生动性。换言之，将容量视成科学描述，起初是在审美感受的基础上进行，自然也会在审美感受中呈现；然后再经由科学概念作合理化的描述。

在壶身上加注合理描述的基础在“知”，

壶的容量牵动注水量（上）
壶的容量不是约制的量化（下）

例如对壶身世的了解，借道唐代煮茶法用器的“水注”“注子”，以及宋代点茶法出现的“汤瓶”“汤提点”的用语名称不同，却是科学描述容量的基础，其蕴含着时间性与壶存在历史的关联性。由此，本来不相关的科学（壶的容量）与审美感受中间，就产生了互动与融合。

壶、水、茶三位一体

壶、水、茶三位一体的对位关系，梳理了历史上对壶器用词的差异化，经由系统归纳，分析洞察壶的容量，才知晓壶的容量是让茶舒坦的舞台。在原本留存的隐秩序当中，陶瓷壶器中本有其婆娑世界待人寻幽，而茶水共生壶器，倒出茶汤的顷刻，对壶的容量形制的存在相关，又存在多少的模糊地带？

“壶”“瓶”之外，同样为茶服务的器，经历不同的岁月情境，演化出不同的称谓如“水注”“注子”“汤瓶”“汤提点”……名称变了，功能不变，在历史中品茗用壶更能引导出赏器的新层次。“水注”在唐朝意指茶器或是酒器，往后受到品茗方法影响而有了不同注解，将引向对壶器一种不可名状的美感，将每把壶的表现鲜活地跃然入列。

不同窑口，不同形制（左）
水注名称多样（右）

引导赏器新层次

唐代煮茶法为主流

唐代品茗以煮茶法为主流，火在风炉上的茶镀煮水，等到水烧第二沸时，就以适量经碾碎的茶末投入镀中，并用茶匙搅动，待茶末涨满，就可饮之。白居易（唐代诗人，字乐天，号香山居士，其先祖太原〔今属山西〕人，后迁居下邽〔今陕西渭南县附近〕）用诗形容这等情景："汤添勺水煎鱼眼，末下刀挂搅麴尘。"

晚唐才兴起的点茶法中，注子成为必备之器。冯先铭在《从文献看唐宋以来饮茶风尚及陶瓷具的演变》中说："从《茶经》的记载结合各地出土文物观察，碗是饮茶的主要用具，习见的唐代短嘴水壶，唐代称'注子'，'偏提'是盛酒用具。"《中国陶瓷史》也见如下说明："唐人是将茶叶煮沸后倒到碗，故不用茶壶，那么习惯称为执壶的短嘴注子，不是茶壶，而是酒壶。"短嘴注子是酒器还是茶器？成为历史公案。

事实上，点茶法自中唐兴起，是在茶瓶（水注）中煮水，置茶末于碗，再持瓶向碗中注沸水冲茶。这种品茗法的最大特色是：不用镀而改用汤瓶（水注）煮水，水沸后持瓶向茶碗冲注，然后以茶筅击拂，成浮花再饮之。注子的天命一度被视为酒器，到底问题出在哪里？

发现唐代汤瓶

点茶如何才能击拂成功？古人的记录中可见注子位处关键，同时期的考古报告也证实自唐以降注子的登场与风华。

唐人苏廙在《十六汤品》中，特别重视点汤的技巧，强调水流要顺通，水量要适度，落水要准确。

829年（唐太和三年）制造的壶器是一件写有“茶灶瓶”纪年款识的作品。此器腹部圆鼓，盘口，肩上出短流，在今日的西安发现。这是明确书写出器为茶服务的标准器。出土报告验明正身，注子确与茶结缘。

湖南长沙窑窑址出土的汤瓶写着“题诗安瓶上”；河南陕县刘家渠发现的白瓷汤瓶等，器形与西安出土的“茶灶瓶”的汤瓶相同。

从茶瓶纪年款识来找寻器形雷同的壶器，恰与近年来出土的器物中多有相似，这也证实水注更是当时品茗的利器。

名牌水注远近驰名

有关长沙窑的主流产品茶具，“黑石号”沉船（1998年自印度尼西亚海域发现的阿拉伯沉船，满载9世纪唐朝陶瓷器）中，打捞上来的外销瓷器约有六万余件，其中长沙窑瓷器占绝大多数，最多的是该窑生产的青釉碗与青釉执壶，主要是供应当时壶器市场之需。船上的青釉碗更说明了此阶段的长沙窑似是以烧造茶器为主，由于制品优良才能广受欢迎、外销海外。

唐代饮茶风气的盛行带动长沙窑产制茶器。长沙窑的壶器以执壶居多。所有的壶均可做多种用途，全看使用者的需要，现存的长沙窑瓷器中有不少写明了也可当酒器之用，两者之间如何细分仍是值得探索的议题。

长沙窑月白釉弇口隆肩收腹横柄壶

时空交替，唐代的执壶以“注子”名之，现在则以“壶”称之。写明了用途的出土实物消除了争议。1978 年长沙窑发现一件唐代乳白釉执壶，横柄上模印“注子”二字。这种注子造型与执壶不同，前述常见器物多为弯把，这种腹部有一横柄，是十分明确的茶器。

中国台湾自然科学博物馆藏有两件唐代茶壶，一件为弯把执壶，其形制与长沙窑执壶大同小异，另一件就是横柄壶，是长沙窑产品的样子，也是鲜活的历史教材。明白壶的前身为“注子”，洞悉它的用途，便能纵横时空来赏壶。

茶瓶、汤瓶与水注

唐代茶瓶，又名“水注”“执壶”，宋代以后称“汤瓶”。陆羽（733 ~ 804，字鸿渐；一名疾，字季疵，号竟陵子、桑苎翁、东冈子，又号“茶山御史”，唐复州竟陵郡〔今湖北省天门市〕人）《茶经》说有两种泡茶法，一为“煮茶法”，此过程中并不需要茶瓶；二为“痷茶法”，《茶经》“六之饮”中说“乃斫、乃炀、乃熬、乃舂，贮于瓶罐之中，以汤沃焉，谓之痷茶”，其中的痷茶方式，确有汤瓶的使用。苏廙《十六汤品》所述使用“茗盏”“茶瓶”的茶法类似。

唐　横柄壶（右）
唐　弯把执壶（左）

唐代汤瓶的使用开始流行，到了宋代更普遍。蔡襄（1012～1067，字君谟，兴化仙游〔今福建〕人，宋仁宗时进士，官至端明殿大学士、枢密院直学士）的《茶录》所指的点茶，是流行宋代的品茶法：置茶末于碗中，用汤瓶将汤注入碗内，茶主人经由回旋击拂完成。这是宋代点茶法，其中关键的器物是汤瓶与茶盏。它们为爱茶者服务，竟日相厮守，也提供了今人研究的实物。

唐代茶瓶的使用，在墓葬中同时出现茶碗、茶瓶。例如山西长治贞元八年（792）的墓葬中，陈列青瓷茶瓶及黄釉茶瓶各一件，同时发现两件茶瓶，可见茶瓶在当时受到的欢迎。

太和三年（829）的西安王明哲墓，墓中发现绿釉茶瓶，瓶底有墨书“老导家茶社瓶，七月一日买，壹”字样。此外，安徽巢湖会昌二年（842）墓，发现执壶五件、瓷碗三件、碗托一件。出土物品具体说明茶瓶是品茗的社会风尚之流行器物！更隐现“执壶”或“水注”身兼两职的真相。

酱黑釉直口长腹壶（左）
酱黑釉直口花瓜棱腹壶（右）

茶酒用器互为交叠

出土的茶器执壶最为凸显，其功能一物两用——茶酒用器的交叠。有诗人的作品作为见证：李白（701 ~ 762，唐朝诗人，字太白，号青莲居士，祖籍陇西成纪）在《玉泉仙人掌茶》曰："常闻玉泉山，山洞多乳窟。仙鼠如白鸦，倒悬清溪月。茗生此山石，玉泉流不歇。根柯洒芳津，采服润肌骨。楚老卷绿叶，枝枝相接连。曝成仙人掌，似拍洪岸肩。举世未之见，其名定谁传。宗英乃禅伯，投赠有佳篇。清镜烛无盐，顾惭西子妍。朝坐有余兴，长吟播诸天。"李白本是酒狂，也爱茶，在玉泉流不歇中品茗，这是何等风雅。

白居易对品茶和饮酒一样精到。他在《睡后茶兴忆杨同州》中说："昨晚饮太多，嵬峨连宵醉。今朝餐又饱，烂漫移时睡。睡足摩挲眼，眼前无一事。信步绕池行，偶然得幽致。婆娑绿树荫，斑驳青苔地。此处置绳床，傍边洗茶器。白瓷瓯甚洁，红炉炭方炽。沫下麹尘香，花浮鱼眼沸。盛来有佳色，咽霸余芳气。不见杨慕巢，谁人知此味。"

白居易前夜饮酒过量，第二天一早摆出茶器来品茗，从诗中"花浮鱼眼沸"可得知白居易是用"煮茶法"品茗，他用白瓷瓯

茶器为爱茗者服务
青花水注耐寻味（右页）

为茶器，以红炉炭火烧水，他爱欣赏浮花茶汤在镀中的沸腾，并看成一幅佳色！诗人以酒助兴，以茶醒脑，这也看出水注的双面角色与双重功能……

用杯用盏无定制

水注是饮料用器。茶或酒在饮料属性上不同：品茶可以清心明性，饮酒是热情豪迈，但它们均由壶中倾倒出而后饮之。如此一来，用器名称上也常为互用，没有严格分别。李白诗曰“举杯邀明月”，说的是饮酒；但在湖南长沙窑出土的唐酒器碗心却写“酒盏”。若说“杯”是酒器，而盏是用来饮茶，那么出土的唐酒器显然说明“盏”也用来品酒。为何用器名称复杂性已显出器形的多元多样？

唐代社会有饮茶的风尚与饮酒的习俗，但唐人饮茶是将茶煮沸以后再倒在碗里喝的，所以基本上茶碗和茶杯、酒盏和酒杯，在造型上分别不大。李白诗中有“会须一饮三百杯”的名句。饮酒喝茶，到底用杯？用盏？并无定制。

“壶”或“水注”亦复如此，加上它们会在不同窑口与不同形制上出现，今人要判定水注是饮茶或饮酒？且让传世画来给个说法。

“断脉汤”是大忌

唐代阎立本（约601～673，唐代画家，雍州万年〔今陕西临潼县〕人，曾任主爵郎中、刑部侍郎、将作少监、工部尚书、右相）画《斗茶图》中所用的茶瓶，其形制是入水口呈喇叭状，细颈，大肚，有大把手，瓶嘴细长，呈抛物线形。这幅画记录一个时代品茗用器中的灵

瓶嘴细长，呈抛物线形

魂——水注。通过画留影了水注形制容量的相对关系，壶嘴和瓶身的接口处要大，这样出水力大而紧；嘴的出口宜圆而小，这样注水时才易于控制。

水注容量精巧，执行注水时将考验茶人泡茶的功夫底子。水注要有力，落水点要准，否则会破坏茶面。如是的硬底子功夫正提供今人注水入壶的参考，在古人品饮心得中还有许多精妙之处值得今人学习。

苏廙在《十六汤品》中说："茶已就膏，宜以造化成其形。若手臂蝉，惟恐其深瓶嘴之端，若存若亡，汤不顺通，故茶不匀粹。是犹人之百脉，气血断续，欲寿奚可。恶毙宜逃。此名曰'断脉汤'，是为点茶之大忌。"苏廙的点茶经验重点在注水要顺畅，不可犹豫，断断续续地注水会影响茶汤密合度，产生不爽口的滋味。他还郑重提醒茶人此是"点茶之大忌"！

讲究汴水的力道，同顾用壶的自我提升，从外形到壶的容量，甚而要求壶的用途是为茶，为酒，已经明朗化。这种为品茗而生的水注还有了"正名"之举，在宋代成为全国上下一致的共识。

宋代茶瓶"汤提点"

宋徽宗（1082 ~ 1135，河北涿县人，字号宣和主人、教主道君皇帝、道君太上皇帝）在《大观茶论》中提到茶瓶说："注汤害利，独瓶之口嘴而已。嘴之口差大而宛直，则注汤力紧而不散。嘴之末欲圆小而峻削，则用汤有节而不滴沥。盖汤力紧则发速，有节不滴沥则茶面不破。"宋代茶瓶称"汤提点"。很清楚就是专为点茶所用！如今随着许多实物的出现，虽见“注子”“瓶”“壶”的不同名称，加上因窑口不同形制变化而展现风姿万千，更在器中看到水注与容量的关系，赏壶外观，探其内在以“量”取胜。以下是几处出土器中载明水注为茶服务的见证。

湖南瓦渣坪出土汤瓶上书写：“题诗安瓶上，将与买人看。”汤瓶用于煮或盛沸水，以向盏中点茶。“汤瓶”瓶口微侈、直颈、鼓腹、短流、曲柄，此造型风格一脉相承，陆续在出土茶具中发现确认：点茶时煮水，汤提点、汤瓶、注子、瓶、壶叫法不同，都是为了点好茶，而不同的容量又牵动茶汤。

短颈缩口聚热佳

水注壶形的变化，对于品茗泡饮具有何等关键的影响呢？

水注的颈短粗，扁鼓腹或球状，可将水聚集于壶腹之内，又因短颈缩口，热度散发较缓，腹部的球状又可多一些容量，多一层保温效果，有助发茶。因绿茶经碾后内含大量儿茶素，必须经由水温热度来激发，并通过竹筅的击拂令茶汤花呈现，以求茶盏中出现浮花绵密的景象，品用时才得甘滑如玉口感。

1956 年河南陕县刘家渠出土的“白釉瓷汤瓶”，高 16.7 厘米，口径 9.6 厘米，鼓腹，侈口，圆柱状短流，颈肩之间装把手，该器与“老导家茶社瓶”相同；又 1994 年香港艺术馆的“中国古代茶具展”的寿州窑黄釉双系瓷汤瓶，高 21.9 厘米，口径 6.3 厘米，筒形直腹，窄肩，短颈，圆柱形短流。与流相对有短把手，两侧装两系。寿州窑是唐代烧制茶具的主要窑场之一，《茶经》中举出的名窑中就有寿州窑，并指出“寿州瓷黄”，此汤瓶为点茶专用，著名窑口出现传世壶器供后人验证，在实体壶器中找到品茗的真味。

被视为盛开的牡丹

一件长沙窑黄釉褐斑“何”字贴花瓷汤瓶，高23.5厘米，口径10.5厘米，器身较直，矮颈，口微侈，八棱形短流，与流相对的一侧有把手，两侧有两枚环形系，器身敷茶黄色釉，在短流及两系下各涂一片褐彩，彩下贴模印的花纹，高出器壁约0.2厘米，其中两块贴花为束叶纹，一块为母子狮纹，当中皆印有一“何”字；在长沙瓦渣坪唐代窑址中曾出土风格与此器极为接近的制品，模印的花纹中有一“张”字。“何”与“张”均为窑主的姓氏，也见产自长沙窑的汤瓶在当时已成为品牌，成为爱茶人使用的名品，这正是早已扬名的“名家壶”！

水注的形制变革，不论是两宋或是北方的辽，不同民族用壶的目的一致，但由于审美观的差异，让制作水注的工艺有了多层变化，在素釉外更见图饰的配套，如莲花瓣或以剔花、划花、贴塑手法出现于器表，有的则将壶身满工形式出现。白釉雕花牡丹纹执壶，几乎将一个水注视为整个盛开的牡丹。水注出现龙纹、凤纹图腾，象征使用者的身份地位系出自王公贵族。

纵横时空来赏壶

精巧与大气

水注是为茶服务或为酒服务？端赖使用者的致密心思。考古出土文物、壁画留影、诗人吟咏……分别来自不同场域的论证，都在揭示想要和壶成为知己，必须知己知彼。知道谁的前世被叫成“水注”“执壶”，或今日叫“大壶”。

壶的生命情调在于壶器的实用功能，或是因外观成就一把壶的情与景，都是显而易见的；反而容量的大与小，或是指涉容积的大小问题，表现的是人心中最深不可测的意境：壶小是精巧，壶大是大气。

精巧之壶，风神潇洒，不滞于物，优美的壶形线条，如书法草书的神机一般，壶钮、壶嘴到壶把，全在陶工捏塑间点画自如，有情有趣。大气之壶一气呵成，如天马行空、游行自在。制壶无论是大形器还是小形器，都反映出制壶家的审美心态与得心应手，各尽壶每一部分的真态，进而在与水邂逅时，促水茶融合，气韵生动。

记录时代品茗灵魂

水注容量精巧（右）
水注壶是品茗利器（左）

6章

釉色

质朴与挥洒

釉彩似将壶器穿上一件闪闪发光的外衣，并驯服所有的感官印象，引进一种对颜色的感官刺激，连带使壶器具足了感官的『共感觉』（synesthesia）。这种共感系由釉色丝丝缕缕重叠或交织，让壶器的器表色彩引人注目，同时兼具操作壶时为壶器颜色带来内心的实在（really there），釉色为壶器带来实在面的吸引力之外，还有更丰硕的洞见。

釉药烧结，深浅变换

釉色与音乐共感

壶器釉彩很容易让人产生彩色的听觉。作曲家斯克里亚宾（Alexander Scriabin，1872 ~ 1915，俄国钢琴和管弦乐作曲家）与高沙可夫（Rimsky-Korsakov,1844 ~ 1908，俄国作曲家、教育家，俄罗斯国民乐派创始人之一）都曾把颜色与他们所写的音乐联想在一起。高沙可夫认为 C 大调是白色，斯克里亚宾则认为是红色；高沙可夫认为 A 大调是粉红色，斯克里亚宾则认为是绿色；他们两人在音乐与颜色上的“共感觉”，就是都把 E 大调与蓝色联想在一起。这种光彩耀目的发现，让玩壶赏器有着宽广共感，用灵敏的想象力，去捉摸原本受到烧结产生的釉色变化与壶的自主性。

釉色与音乐共感，颜色与曲调，是听觉与视觉的交融，茶汤香醇，漂浮在声光触觉与味觉的波涛中，哪一种釉色在壶器中最有魅力？最能代表釉色与茶器共舞的和谐？青釉是最具中国人“共感觉”的茶器颜色，其魅力何在？为什么可以经历千年而不坠？为何能在各式各样的釉色中脱颖而出？

眼睛适应青绿色调

李刚（杭州人，浙江博物馆副馆长）认为：“《爱日堂抄》说：‘自古陶重青品，晋曰缥瓷，唐曰千峰翠色，柴周曰雨过天青，吴越曰秘色，其后宋器虽具诸色，

单色釉的无限想象空间（上）
釉彩让人产生彩色的听觉（下）

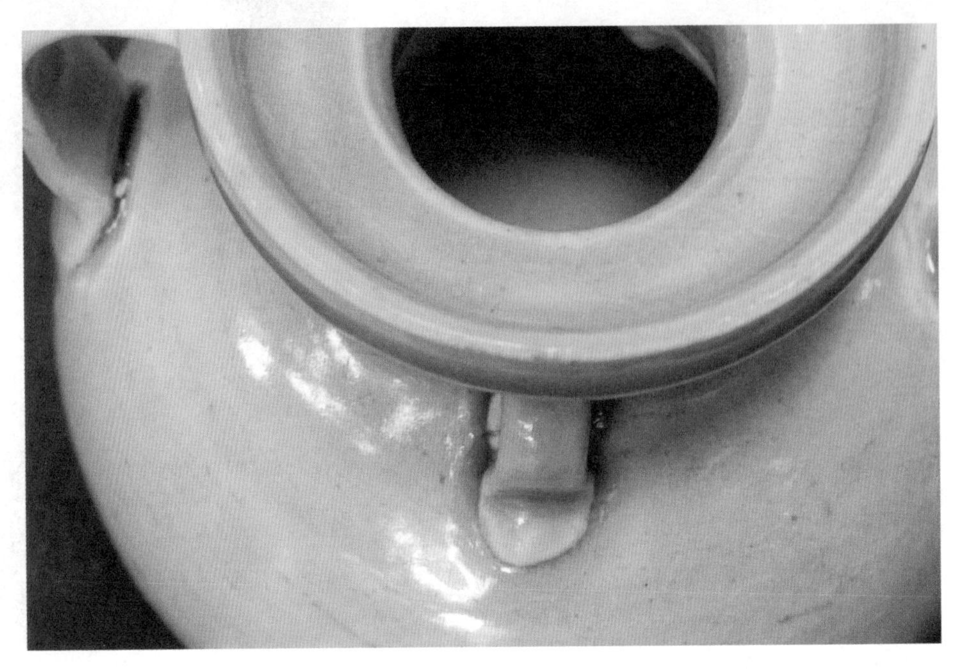

青釉散溢着春天的气息

而汝瓷在宋烧者淡青色，官窑、哥窑以粉青为上，东窑、龙泉其色皆青，至明而秘色始绝。'选择的倾向性是受视觉器官的生理特性支配的。生物的进化论，葱郁的林木，娇绿的草地，青翠的山峦，蔚蓝的天空，苍碧的河海，因此他们的眼睛适应了环境的青绿色调，这种适应性通过基因遗传的方式被固定下来。科学研究显示，人眼在明亮处对波长为 555 纳米的绿色光最为敏感，在黑暗处则对波长为 507 纳米的青色光最为敏感。而历代青瓷的分光反射率峰值恰好在波动 450 ~ 600 纳米的范围之间。"

科学的说法在往昔的青瓷风华中，虽未被拿来探析，但在品茗的历史中，唐代《茶经》的作者陆羽却用敏锐的观察力，体察青瓷益茶的魅力。

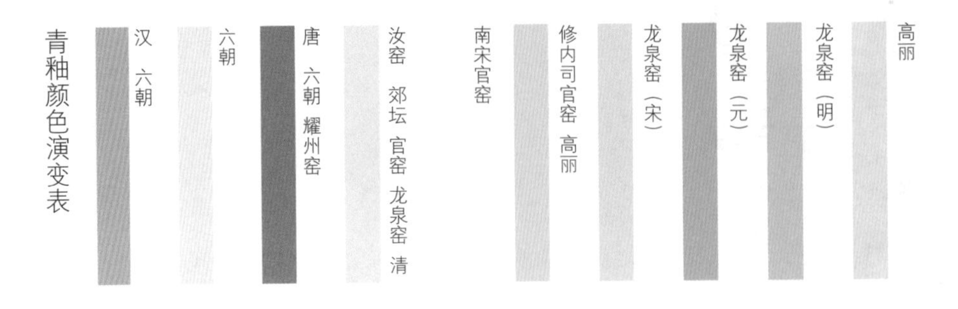

反射人类对自然的依恋

壶烧结后的釉药，使壶之器表产生不同的釉色变化，釉色呈现茶汤表现亦依存着实相关系，唐代陆羽按瓷色来分判窑口出品茶盏的优劣，甚至还留下排行榜，越窑排名第一，究其原因，是越窑青瓷置入煮过有微量氧化的茶汤，可以“吃色”而使茶汤呈绿色，而受到大大赞赏。反观其他窑口出品的瓷器，则因真实呈现茶汤颜色而被断定为次级品。其实以色取瓷之优劣，在茶的品饮中也因时代而不同。唐代煮茶，茶汤转红，青瓷恰可滤色使茶汤仍呈青色，才有“青瓷益茶”之说。

然而，青瓷自唐以来就有几处名窑以茶为主题，产制水注、茶盏来满足市场之需。

青瓷釉色在分光反射率的平均峰值，正和人的眼睛对光的光谱相同，这也是青瓷历久不衰的科学论证。同时，青釉釉色和山峦、河水谐调，青瓷仿佛调和了山水之色融为一体，这也反映了青瓷反射人类对自然的依恋。

釉层具有很强的光泽度

折光率与如玉质感

五代诗人徐夤（生卒年不详，一作寅，字昭梦，兴化军莆田〔今福建莆田〕人，唐昭宗时进士）在《贡余秘色茶盏》中对青瓷做了美丽的注脚。他说："捩翠融青瑞色新，陶成先得贡吾君。巧剜明月染春水，轻旋薄冰盛绿云。古镜破苔当席上，嫩荷涵露别江渍。中山竹叶醅初发，多病那堪中十分。"越窑青瓷能传颂千年不坠，乃起源于其釉色散发的魅力。在陶瓷的烧制中，青瓷采用高温碱性长石釉，含有15%的氧化钙，经高温1266℃～1300℃烧成，还原的釉层透明，加上瓷土中含二氧化钛（titanium dioxide，注5），因缺氧使釉呈青灰色，如是烧结的青釉在深灰色胎骨上，受到折光率的效应，产生反射而出现如玉质感。

青瓷执壶"如冰似玉"，现藏故宫博物院的唐越窑青釉壶。此壶敞口、丰腹、短流、浅圈足，通体施青釉，釉色青绿透明，釉汁莹润，釉表布满细碎的开片纹。该壶是陈万里（1892～1969，江苏苏州人，被喻为"中国陶瓷之父"）于1936年在浙江绍兴的唐户部侍郎北海王府君夫人墓发现的，该墓出土的墓志砖中明确记载纪年为唐元和五年（810），这一发现揭示了唐越窑的真实面貌。

秘色的魅力

湖南瓦渣坪生产的长沙窑器中出现单色青釉壶，现藏台北故宫博物院的唐长沙窑绿釉柄壶，壶口圆口，短颈，斜肩，鼓腹，腹以下微内敛，凹足，短流，长方形空心横柄，柄中段上下一圆穿孔，以便串连盖上圆系孔，带宝珠钮拱形盖。

宋 磁州窑绿釉黑花玉壶春式注子

注5：二氧化钛呈白色固体或粉末状，又称钛白。化学式TiO_2，熔点1830℃～1850℃，沸点2500℃～3000℃。

青釉壶〝如冰似玉〞（左）
秘色的魅力（右）

全器施绿釉，底亦施釉，口沿及圈足无釉。釉色青绿乳浊，釉层较厚，釉面布满细碎开片纹，并有多处大小气泡棕眼，器盖釉色偏蓝，积釉处杂呈蓝斑。胎骨匀称，胎色灰白略粗。横柄壶多见于湖南长沙窑，浙江越窑亦有发现。壶为长沙窑的主要生产品类之一，在唐代晚期与短流的茶瓶一样，皆作为注汤点茶之用。长沙窑横柄壶印“注子”两字。

使用苍璧莹润的青瓷水注，无论是产自越窑或是长沙窑，在不同的地域，品茗持壶仿若从大自然汲取活泉，接引入盏，一种怀抱自然的情愫。而见以“千峰翠色”“明月染春玉”“薄冰盛绿云”“古镜破苔”“嫩荷涵露”之词，更可见秘色的魅力了。

粉青与梅子青

盛唐越窑、长沙窑的水注很讨喜，广受市场欢迎，并引来各地仿制，同时留下丰富的经验，带给后世承继的资本。宋代青瓷在浙江龙泉窑有突出的表现，尤其在釉药处理上融入汝窑特质，使得青瓷更上一层楼。

北宋产瓷与越瓷近似，盛行刻画花，釉色青绿，透明度高。南宋以后，一部分产品受汝窑影响，改施乳浊性的石灰碱釉，以粉青与梅子青为上乘。龙泉窑继续向上提升，到了元代，大件器物最具特色，也受到海外的青睐。龙泉青瓷在外

销瓷中比重越来越高，在1976年韩国新安海底发现中国元代沉船，打捞出元代瓷器一万七千余件，其中龙泉青瓷占百分之五十以上。这样的数字可看出当时龙泉青瓷外销的盛况。

同属青瓷窑系的耀州窑位处陕西，恰似北方闪耀的青瓷明星，与南方龙泉窑相互辉映。尤其在水注壶的表现上独树一格，鹤立于许多窑口之上。

耀州窑位处陕西铜川黄堡镇，始烧于唐。耀州窑以装饰刻花而著称，现藏浙江博物馆北宋青瓷注子，通高21.3厘米，壶体剔花，可见流畅剔工。陶工先画阴刻大切面花形，再以竹刀细琢，施釉后坯体留出深浅胎面，自然使器表形成立体感，是在平面中创出立体的佳品。

青瓷注子有盖，钮呈宝塔火焰状，覆盖壶身，形成稳重端庄之态，而壶底露出的圈足微向外撇，稳定注子的底部重心。

宋代耀州窑的色调较稳定，其色青绿中略见黄，犹如橄榄果之青色，被称为“橄榄青”，还因其“类余姚秘色”而被宋人称为“越器”。但与越窑瓷釉透明度相反，耀州瓷的青釉透亮度好，具有晶莹明亮的特点，这种青釉最适合在釉下用划花、剔花、刻花、印花等手法来装饰，所以它在五代发展了刻花与剔花青瓷，在宋金又发展了刻花和印花青瓷，形成自己独特的风格。

北宋　越窑青瓷注子（上）
平和之色，静心舒畅（下）

平面中创出立体（右）
北宋　六瓜瓣腹执壶（艺术家出版社提供）（左）

“艾色”的多娇

青瓷注子壶自五代、唐宋以后，散布中国各地窑址，其间釉色成为共同指涉的焦点，釉因各地称谓不同，有了淡青、淡绿、粉青等等。而浙江省博物馆指出在这种青与艾草色接近，而称之为“艾色”。将植物的绿放在水注上，品茗时釉色的清新飘扬于茶席，艾色沁人的多娇直指人心。

“艾色”是指与艾相近的一种颜色。艾是生长在长江南北的多年生草本植物。艾叶的边缘有蛛丝状细毛，背面披白色丝状毛，春天出生的艾叶呈泛白的嫩绿色。植物的绿跟着时序深浅变换，釉药烧结又未尝不是如此？

青瓷注子的釉表，散溢着春天沁人心脾的气息，与品茗的茶香与韵味，是双层的丰收，直接诉诸青瓷色相的愉悦。还可以借此深入了解青瓷釉药的奥秘，呈为青瓷原本多娇的知己。

北宋　褐斑瓜腹执壶（艺术家出版社提供）

阿拉伯人的“海洋绿”

《青瓷风韵》中说青瓷经化学分析，青瓷厚釉产品中釉的助熔物质除了氧化钙以外，还有较多的氧化钾和氧化钠，故这釉的高温黏度大，可施得较厚，通常施二三遍，釉层大多乳浊不透明，宛如碧玉。

南宋龙泉窑烧制的另一类厚釉产品为白胎厚釉瓷，这类瓷器有碗、碟、壶等，釉层多不开片，釉色以粉青和梅子青为代表。粉青釉光淡雅柔和，可与碧玉媲美。梅子青釉丰盈滋润，像是雨水淋过的青梅，又仿佛蓝天映照下的清澈湖水。

如此多娇的青瓷色相应用在壶器上，就像在原野的青色中遨游，邂逅一种自然的情调。青瓷带来品茗的融洽，也给人宽阔的想象空间。

青瓷的各种瑰丽之色应有尽有，在古人的笔下，这种种青色被形容为“粉青”“绿豆色”“生菜色”“梅子青”等。“粉青”是比较大的概念,在所谓的“粉青”中，有不少是接近天青的色调。阿拉伯人称之为“海洋绿”，日本学者三上次男（日本东京大学名誉教授，致力于中国古陶瓷研究，著有《波斯陶器研究》）把龙泉窑青瓷的釉色比喻为“秋季的天空和静静的蓝色的大海”。在各种比喻当中，最有意思与影响最为深远的莫过于“雪拉同”（Celadon）一词了。

艳丽釉彩，色诱感官（左）
到烧结产生的釉色变化（右）

"雪拉同"的妙喻

"雪拉同"原来自小说《牧羊女亚司泰来》(16世纪晚期法国小说家 Honored Durfe 作品),描写牧羊人雪拉同与牧羊女的爱情故事,其中牧羊人的名字来自他一出场所穿的一身青衣,而欧洲人以此比喻龙泉青瓷是"雪拉同"。

西方给予青瓷难忘的追怀,在青瓷原产地的黄土地上,中国诗人的描述就更深入了,将釉药与壶器的唇齿连动关系,涉入了品茗的香气与滋味,这也是今人在品茗用壶时,面对不同釉药时可观察的一项指标。

釉药与壶器的唇齿关系中,连动影响了品茗的香气与滋味,两者实不可分。诗人们曾有鲜活纪实。唐代僧人皎然(唐代诗僧,生卒年难考。俗姓谢,字清昼,吴兴〔浙江省湖州市古称〕人)在《饮茶歌诮崔石使君》说:"越人遗我剡溪茗,采得金牙爨金鼎。素瓷雪色缥沫香,何似诸仙琼蕊浆。一饮涤昏寐,情来朗爽满天地。再饮清我神,忽如飞雨洒轻尘。三饮便得道,何须苦心破烦恼。此物清高世莫知,世人饮酒多自欺。

诗人醉心在素雅

愁看华卓瓮问夜，笑向陶潜篱下时。崔侯啜之意不已，狂歌一曲惊人耳。孰知茶道全尔真，唯有丹丘得如此。”

诗人认为用青瓷品茗如同仙琼蕊浆，今人用白色瓷壶品茗泡茶又何曾有此感动的情怀呢？而作为品茗人心中最向往的青瓷，便也留住如下的缅怀。

诗人醉心在素雅

顾况（约725～814，唐代诗人，字逋翁，号华阳真逸，晚年自号悲翁，苏州海盐恒山人〔今在浙江海宁境内〕，唐肃宗至德二年进士）《茶赋》：“……舒铁如金之鼎，越泥似玉之瓯。”施肩吾（字希圣，洪州人。唐元和十年登第，隐洪州之西山）《蜀茗词》：“越碗初盛蜀茗新，薄烟轻处搅来匀。山僧问我将何比，欲道琼浆却畏嗔。”李群玉（约813～860,字文山,晚唐著名诗人）《答友人寄新茗》：“满火芳香碾麹尘，吴瓯湘水绿花新。愧君千里分滋味，寄与春风酒渴人。”孟郊（751～814，字东野，湖州武康〔今浙江德清〕人，唐德宗元年进士）《冯周况先辈于朝贤乞茶》：“道意勿乏味，心绪病无惊。蒙茗玉花尽，越瓯荷叶空。”

青瓷仿佛调和山水之色（上）
青瓷风华（下）

对青瓷带来的品茗“诸仙琼蕊浆”的感受，茶器借品茗引发的修身养性的闲情，青瓷的素雅是关键。上述诗中像“越泥似玉”“吴瓯湘水绿花新”“越瓯荷叶空”等都在描写越瓷釉色的晶莹润澈和翠绿匀称。古人对越瓯的赞赏跃然诗词，通过真实青瓷器的流传和使用，今人不免在诗人情尽呼辞的佳词美句背后，总想知道青瓷靠釉药烧结形成，又是如何夺得千峰翠色来呢？

炉钧颜色釉瓷壶

郑东（福建厦门文物鉴定组组员）在《试析闽南古代瓷器装饰技法》中提到：釉是附着于陶瓷坯体表面的玻璃质薄层，一般以石英、长石、黏土等为原料，经研磨调成釉浆，用浸、喷、浇等方法施于坯体表面焙烧而成。由于釉中所含金属氧化物种类和比例的不同，以及烧窑的氧化或还原等气氛各异，可以烧造出青、白、青白黑、酱、绿、黄、蓝、紫等多种颜色。颜色釉瓷主要有三类：以铁为呈色剂的青釉瓷，以铜为呈色剂的红釉瓷，以及以钴为呈色的蓝釉瓷。历代烧瓷掌握不同矿物的呈色原理和不同烧窑气氛，烧造出各种颜色、风格的颜色釉瓷。

呈色剂激发釉药本色

青釉以铁为呈色剂，以氧化钙为主要助熔剂，因釉或胎中含铁金属成分的比重不同而呈现出淡青、天青、粉青、翠青、苍青、冬青、豆青、梅子青、青黄、青绿等。最早的青瓷窑址目前发现属于南晋，其釉呈青绿色，釉面厚薄不均，多有流釉现象。

唐、五代时期，青瓷产品瓷化程度高，施淡青釉为主，还有青灰、青黄等，

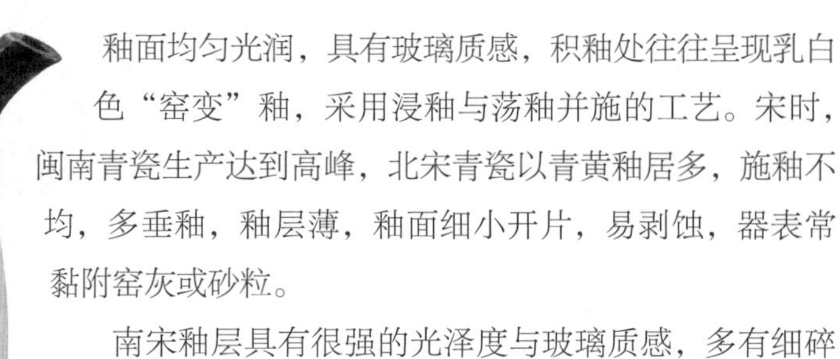

釉面均匀光润，具有玻璃质感，积釉处往往呈现乳白色“窑变”釉，采用浸釉与荡釉并施的工艺。宋时，闽南青瓷生产达到高峰，北宋青瓷以青黄釉居多，施釉不均，多垂釉，釉层薄，釉面细小开片，易剥蚀，器表常黏附窑灰或砂粒。

南宋釉层具有很强的光泽度与玻璃质感，多有细碎冰裂纹，青釉色调泛黄或泛灰，也有淡青、苍青。元代釉色以青中泛灰居多，少数卵白釉。还有龙泉窑系青瓷，釉层青绿或暗绿色，釉层肥厚，密布细小鱼子状气泡，具有较强的玉质温润感。

宋代单色调好韵

品茗者只要用心体味青瓷壶器的平和之气，带来静心的舒畅；然而，由茶器所延伸出的釉药知识宝库，正可通过抚触青釉瓷壶的当下去探索况味。

青瓷水注可以色诱感官，亦反映了一种心理追寻平和的理想性。李泽厚在《美的历程》中说：“沿着中唐这线条，走进更为细腻的官能感受和情感色彩的捕捉之中。在思想领域，构成宋代社会哲学思想的基础是程朱理学，信奉理学的封建文人，主张‘存天理，灭人欲’，追求的是平易质朴的风尚和禅宗深奥神秘的哲理。在艺术上则爱好幽玄苍古之趣。这种所谓

晚唐　白釉瓜棱腹执壶（上）
原料经研磨调成釉浆（下）

文人的趣味，也必然在工艺美术领域有所反映，反映在宫廷士大夫所用瓷器上，就是讲究细洁净润，色调单纯，趣味高雅，即追求韵味。御用青瓷，其釉色平淡含蓄，于朴素当中隐含着使人心平气静的意蕴。”

青瓷釉色在朴素平淡中叫人心平气静。

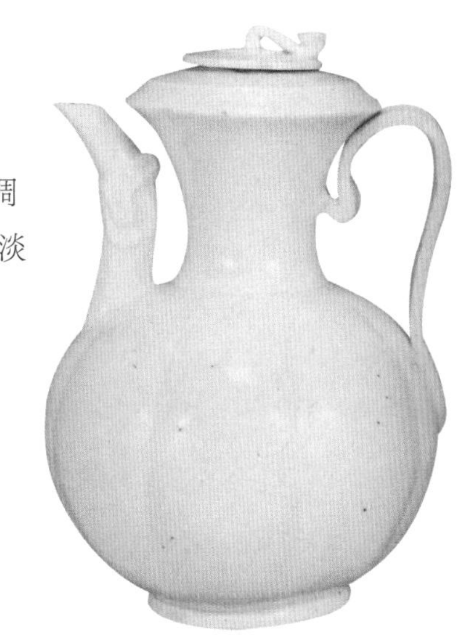

北宋　白釉瓜棱腹龙首执壶（上）
北宋　白釉刻花牡丹纹龙首壶（中）
烧瓷掌握不同矿物的呈色（下）

第二部

壶器与茶共谱恋曲

品茗之真味，在于如何将心爱的茶配上正确的茶器。真味是色、香、味一体尽情发挥，茶是移动的芬芳，经由“沸腾”来启动。然，茶壶是启动的原点。泡茶人自我主张，用直观精选壶器，凭着自我品味的偏好来选茶种，如是品茗，其实不识茶之真面目，又如何能乐在壶器与茶共谱的恋曲中？

茶种在色香味变数中，得先厘清制茶的工序与形成，才能解读茶器对启发茶性的量度！因此，将六大茶类以杀青或干燥的不同制法，以及制成的分类来说明：不同种类的茶，在色、香、味的次第上均有不同表现。依照“茶种色香味变数交换关系图”的呈现，不同茶种在色、香、味参数上的变异性，品着一把好壶泡出的好滋味，得须由认识茶种入门，才能明白何为“正色”，才明白茶的香味要“清”，才知晓茶的滋味要“醇”的要求。无法识茶，就难掌握不同的茶在色、香、味的变数交换关系。试以下图来说明 ：

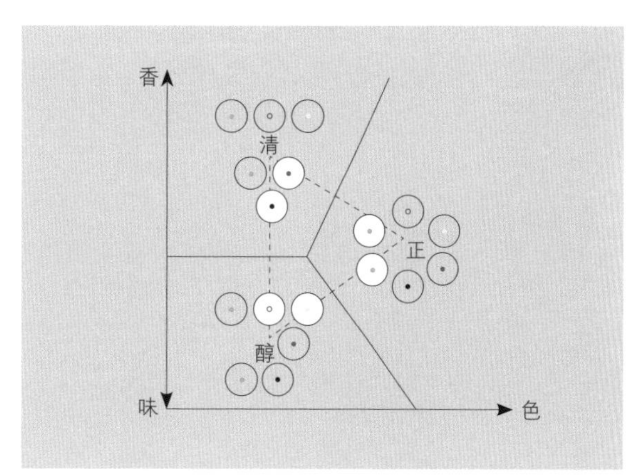

茶种色香味变数交互关系图

（1）颜色：绿茶、白茶、黄茶、青茶、红茶、黑茶。

（2）纵坐标为香气程度，越往上香气越浓。

（3）横坐标代表汤色，越往右汤色越浓。坐标交会的茶味成为香与色交集点。香气高而味淡、色淡，香气低而味浓、色深，是一般茶色香味对比之关系。

（4）茶种按颜色分三区块，坐落分布时系按茶种特色分隔。从图中探视茶种在香味表现上以绿、白、黄三种茶最高昂，而青、红两种茶相对居中，而黑茶类居低，不论香气的位阶如何，不同茶种在香味的要求中都要“清”，意即茶香是源自茶叶本身经由制作后，产生的自然香气。

在味道表现上，以青茶、黑茶最为厚重，红茶居中，而绿茶、白茶、黄茶，少了焙火的醇化作用，居于最淡之列。

然而，茶滋味的表现必然有“醇”味的演出，醇味的产生则靠茶的后发酵产生，醇味好坏，除了茶本身以外，存放好坏是关键。在含水量不高于7%的条件下，才能将质佳的茶，存放在不让空气渗透的容器中，以便使茶质越发走入佳境。

茶色表现易使人混淆，以为汤色浓便是陈年茶，其实制茶工序的第一步就已经决定茶的颜色，用六种颜色作为分类，可以轻易分辨茶在发酵与不发酵中的表现，茶种的茶色即使有轻重之分，却不能背离“正”色之准则。

“正”色受茶的烘焙所影响，以为焙火茶汤色重，味道应较为醇厚。事实上，色“正”指的是茶汤的清亮度与透明度，制茶工序中若没有处理好茶单宁，茶色便会混浊；精制茶时焙火若没有讲究，茶色也会不清不白。因此，六大茶种环绕茶色的变数中，统统要“正”！

7章

绿茶

银器的纯真

以银器作为品茗器，历史上大抵只是贵族与皇室才拥有；如今随着出土文物的再现，除了带给今人细品银器工艺之美外，还可以进一步认识：茶汤通过银器独具发茶性的特质。换言之，启动纯银茶壶煮水或以银壶来泡茶时，都有另番滋味，此为以陶瓷器品茗者的另番想望。通过历史场景布建与实体银壶的再现，才能归结银壶与茶种的速配关系！

今人借由赏析金银器，进一步想望以金银器品茗之滋味，往往惊喜于银器与绿茶谱下的纯真恋曲。

初绽的生命力

金银器的华丽品茗

出土文物中，陕西法门寺鎏金银壶门座茶碾、鎏金银仙人驾鹤壶门座罗子、鎏金银龟盒，分别说明唐代品团茶须经茶碾碾茶、筛细等程序。这也是唐代盛行煮茶法中的主要配备。这种品茗法和宋代品茗用的点茶法不同，点茶法必须启用水注来注汤，而在众多的水注材质中，以银制的水注最为珍稀。

1975 年，内蒙古赤峰敖汉旗李家营子墓葬出土金银器一〇五件。金器包括金鞢韄带，银器包括银执壶、鎏金猞猁纹银盘、椭圆银杯、折肩银罐、银勺、银环等。根据器物特征应为唐代。其中银执壶是以锤锞成型，器身呈椭圆形，折领直口，一侧出流，似鸭嘴。长颈，溜肩，鼓腹，高圈足外侈。口、腹间附弧形把，把上端与口缘相接处有一胡人头像，鎏金，足缘饰联珠纹，通高 28 厘米。

银执壶融入草原文化

出土银执壶长颈、溜肩、鼓腹造型，应源自瓷执壶，其鼓腹可装盛适量的水作为汤提点之用，该壶的上端口缘出现胡人头像，极为罕见。这与鸡首壶上所见以鸡为吉祥图案的用意如出一辙，以胡人人头为银执壶焦点所在，亦表明此壶的北方游牧民族创制风格。在工艺上则采用锤锞的技法，结合镶嵌、焊接、模压、铆合、抛光、切削等技法，金珠细工工艺和镶嵌宝石技术巧妙地结合，是此时期金银器制作的特征，风格华丽，饱满有序。

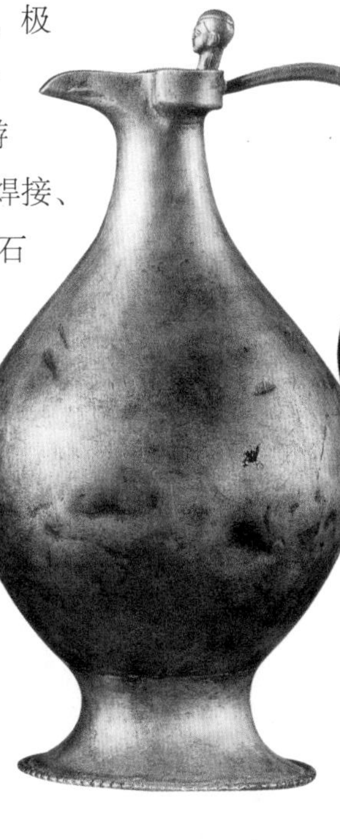

唐代银执壶

考古研究，李家营子出土的银执壶，是唐代输入的粟特（Sogdiana，注6）银器，此类银执壶在中亚与西亚地区常见，一般认为是波斯萨珊（Sogdiana，注7）遗物。该壶壶把上端皆在器口上，没有节状装饰，风格接近粟特产品。粟特金银器在唐代传入中国北方草原。

银执壶风格来自西方文化融入草原文化，进而产生核心价值竟是为了品茗用器，而银制的材质更流行于当时的皇宫王室间。

银链的品位牵引

1986年，内蒙古通辽奈曼旗青龙山镇辽陈国公主与驸马合葬墓出土金银器二百余件，金器包括男女金面具、镂花金荷包等，其中最引人瞩目的是银执壶。此银执壶锤锞焊接成形，直口，广肩，鼓腹，圈足。肩一侧焊椭圆形管状直流。另一侧为曲环形把，有银链将上端钮和盖上的宝珠钮相连。

此银执壶看起来与今日陶器或瓷器的造型分别不大，主要差异在银的材质，而其盖顶的宝珠钮也影响了后代壶盖的形制，钮既是盖顶之光，又作为盖与流的中介，必须衡量壶器身材比例，钮过大则头重脚轻，过小则显得器形不够大气。造型的比例是设计的美感来源，亦是品茗时的一款风味。

辽代银执壶

注6：中亚古国，位于今乌兹别克斯坦境内肥沃的泽拉夫尚（Zeravshan）河谷。

注7：萨珊是3～7世纪的波斯王朝。末代国王伊嗣埃三世的儿子俾路斯逃亡至东土大唐，当时正值唐高宗当朝。中国史籍关于萨珊朝波斯的记载，当以《魏书》为最早。

细腻计算水流弧度

银执壶的壶嘴，直口中带着倾斜，系有利出水的关键。若全然直口，出水则湍急，水注就无法像银执壶嘴形产生出水时水注的流线弧度。从这点来看，用壶出水的流畅度是泡好茶的一项重要变因，古人智慧与细腻值得学习。

执壶系辽时陈国公主与驸马合葬墓出土，此执壶应是生活品茗用器；而宋朝，正兴致于以点茶法作为生活的娱乐休闲。陶瓷器外的银水注壶不多见，出土的实物，以四川彭州在 1993 年发现的宋代金银器中，执壶（注子）有九件，通过铭文内容证明是配套使用器，每一套器各为一商家制作。

铜质折肩执壶

在四川发现的宋代金银器中，另见成套执壶，工艺精良，系今日难得一见的珍品。执壶又有折肩执壶与溜肩执壶之分。

折肩执壶。执壶盖上部虽未制成莲花形，仅为素面，但其在造型上也为两层圆鼓形，与莲花形盖很相似。

溜肩执壶，与其相配套的是圆口温碗。类似的溜肩执壶在福州茶园山南宋许峻墓、浙江兰溪南宋墓、四川绵阳市的宋代窖藏银器中可见，在工艺上都在器盖上立雕动物纹。执壶制成这种动物纹盖的形制较罕见，其中凤头盖执壶的造型明显不是宋

宋代双层莲盖折肩银执壶（上）
金银器风格华丽（下）

代风格，这种造型可能与源自唐代流行的外来器胡瓶有关联。同时可见于与宋同时期的辽代壁画中的凤首壶。凤首执壶图像说明了宋时与辽金贸易往来畅旺的情况。

明人懂得驱壶“冷气”

从历史上看到古人以银壶品茗的风华，与本篇所要说明的绿茶与银器的互动有何关联？又绿茶的概约性称谓与散落在中国各地、以绿茶为品茗主轴的口味有何细部的分野？

师法古人的品茗经验，来解开今人品茗用器的迷思。而今茶人惟有知茶懂壶，才能妥善解构茶汤的隐秩序，让绿茶与银器相互生辉。明代许次纾（1549~1604，字然明，号南华，明钱塘〔浙江杭州〕人）的泡茶经验务实好用，很符合当今品茗现况：以茶入壶，再将水入壶等。若按照许次纾的心得方法来练习，应该会有不错的效果！

许次纾在《茶疏·烹点》中提到：“未曾汲水，先备茶具，必洁必燥，开口以待。盖或仰放，或置瓷盂，勿竟覆之案上，漆气食气，皆能败茶。先握茶手中，俟汤既入壶，随手投茶汤，以盖覆定，三呼吸时，此满倾盂内，重投壶内，用以动荡香韵，兼色不沉滞，更三呼吸顷，以定其浮薄，然后泻以供客，则乳嫩清滑，馥郁鼻端。”

许次纾的说法中可以归结出几个重点：第一是重视泡茶洁器，并温壶驱除壶的“冷气”；再将茶握在手中置入壶中；投茶注水富有节奏感与韵律感。

壶被赋予“解构的职能”

其实，茶人泡茶使用计时辅助，无非想抓住茶与水的

动物纹执壶形制特殊

和谐；然而，若不先了解茶的特性，光靠一把好壶也是无济于“茶”。若以绿茶中的娇嫩碧螺春，搭配现代银器，会达到茶汤闪动的诱人鲜绿与银光辉映的效果。

绿茶的真面目为何？在制法揭秘后，就会明白为什么质佳的绿茶是来自优质土壤供给养分，吸吮气候与阳光的精华，才能留住无比的芬芳，而壶则被赋予了“解构的职能”。

历史上银器水注、执壶，将水装入其内，借其器引出茶香；然，今人用同样叫做“银壶”的器形解码，流转出像宜兴壶般的银壶，以及用来煮水的银质煮水壶。两者都会使水与茶变得更狂傲、张扬。而舞动绿茶的诉求，即是：香气要幽远细腻，滋味要深远悠长！那么，投入鲜绿茶，活化与创造绿茶的特殊意味，才使品茗用壶变得更为畅快。

绿茶，亦称“不发酵茶”，制作时不经发酵，干叶、汤色、茶底均为绿色的茶。《中国茶叶大辞典》中记录，绿茶依照杀青与干燥方式分为：炒青绿茶、烘青绿茶、晒青绿茶和蒸青绿茶四种。

（1）炒青绿茶：是指用锅炒的方式进行干燥而制成的绿茶。明代张源《茶录》、许次纾《茶疏》、罗廪《茶解》都有炒制青茶的记载。根据制造方法与原料嫩度的不同，分为长炒青、圆炒青、细嫩炒青三种。眉茶、珠茶、龙井茶、六安瓜片等为著名品种。

“长炒青”中，一级长炒青条索细紧显锋苗，色泽绿润，香气鲜嫩高爽，滋味鲜醇，

绿茶品目分类表

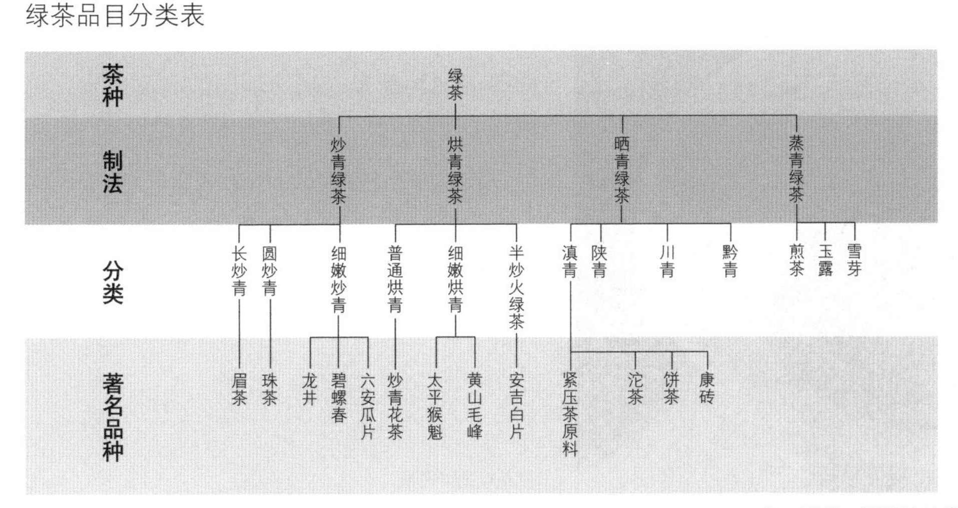

汤色青绿明亮。主产于浙江、安徽、江西三省。精致加工后的长炒青产品统称“眉茶”。

“圆炒青”指的是鲜叶经过杀青、揉捻、锅炒成形后，制成的圆形炒青绿茶。主产区浙江与安徽，主要品种有珠茶、泉岗辉白等。

“细嫩炒青”是细嫩茶叶加工而成的炒青绿茶，如西湖龙井、洞庭碧螺春、六安瓜片、信阳毛尖等。外形有扁平、尖削、圆条、直针、卷曲、平片等。茶叶冲泡后，多数芽叶成朵，清汤绿叶，香郁味鲜醇，浓而不苦，回味甘甜。

（2）烘青绿茶：一般条索完整，常显锋苗，细嫩者白毫显露，色泽绿润，根据原料的老嫩与制作工序的不同，分为普通烘青与细嫩烘青。

“普通烘青”直接饮用者不多，通常用作窨制花茶的茶坯，成品为烘青花茶。

“细嫩烘青”是细嫩芽叶精工制成的烘青绿茶，条索紧细，白毫显露，色绿香高，味鲜醇，芽叶完整，著名的有黄山毛峰、太平猴魁、敬亭绿雪、华顶云雾、雁荡毛峰等。

（3）晒青绿茶：是鲜叶经杀青、揉捻后，利用日光晒干的绿茶。晒青绿茶经由蒸软压制成饼，便成了青饼，也就是普洱茶中惯称的“生饼”，它是后发酵茶，因此可以持续陈放成为陈茶，来品醇味和陈化过程不同环境产出的变化滋味。

（4）蒸青绿茶：是鲜叶经过高温蒸气杀青、揉捻、干燥而成的绿茶。蒸青绿茶有“色绿、汤绿、叶绿”的特色，主要品类有煎茶、恩施玉露、阳羡雪芽等。蒸青绿茶仍是日本绿茶制法的主流，保有较高的鲜爽度，是抹茶、煎茶的上选原料。

绿茶所需的细腻可以促发茶人建构芳香殿堂，茶人主导对茶的“促发性”。例如，同样等级的碧螺春，采用不同的高度冲水，用不同材质的壶，茶的香气与滋味各有差异，促发转化茶汤在品茗时感觉交错联结的一环，

辨别茶叶的鲜嫩度

紧扣绿茶与银器的交融，捕捉趣味盎然的片刻。

那么置茶入内的壶，与茶短暂相遇，却是浓稠醇厚的感触原点。在壶的多元材质中，银壶是纯粹的凝视，是绿茶的知己！

选壶搭配碧螺春

碧螺春讲究鲜嫩第一，如何品真香，尝好味，可深探，这也是选壶前的修炼。

汤色以嫩绿最佳，黄绿次之，黄暗最差。茶叶中的茶多酚是决定汤色的主要物质。茶多酚在制茶或存放过程中会由浅变深，因此从汤色的深浅，可以看出茶叶氧化的程度。换句话说，碧螺春茶汤的颜色嫩绿，代表的是茶叶新鲜；碧螺春茶汤明亮清澈，表示茶叶制作工序品质佳。

在碧螺春与水的互动之间，壶将是掌握茶汤转化权力的一方。注水壶的条件是：曲柄高于壶口，或等高的形制。手拿曲柄注水时，柄高于壶口，持壶人才能运筹帷幄，掌控自如，或提高壶让水流如注，或以求轻快水速入壶，或提壶让水缓缓而下，以求循序渐进……采取不同水速入壶，必是持壶人之意，也源自想品出茶汤是高昂或是沉凝之味。

提壶注水轻重缓急，仿若行走在时序的轮回里：汤色指的是眼睛可以分辨得出来的颜色，但也必须用专业术语加以描述表达。用来形容碧螺春茶汤色最常用的是“清澈”“明亮”“嫩绿”“黄绿”“黄暗”。

“嫩绿”指的是碧螺春的汤色。碧螺春在锅炒过程

宋代象钮莲盖溜肩银执壶

中释放出微量的茶多酚，茶叶的氧化程度轻微，茶汤颜色出现嫩芽所具备的鲜绿色，即为“嫩绿”。要是碧螺春茶叶老了，不是一芽一叶，那么汤色就会偏“黄绿”。换言之，嫩绿汤色可以辨别茶叶的鲜嫩度。茶汤色越黄则表示茶叶的鲜嫩度越低，或者是一芽二叶、一芽三叶，档次也较低。碧螺春若汤色“黄暗”表示品质不佳，不足取。

鲜绿和着春光流动

品饮碧螺春的最佳时机在“明前”（清明节前），几乎是可以现采、现炒、现喝的即时鲜度，因此汤汁入口鲜美爽口，茶汤活力充沛，茶树与日光的接触也在此时奔放，可以说喝碧螺春就喝到洞庭山的青山绿水，这就是“鲜爽”。

每一斤碧螺春的芽头可多达五万颗以上，芽芽皆鲜嫩无比，经由精挑细选，保有初绽的生命力，这就是茶汤带来的“嫩鲜”。

碧螺春若杀青不匀，或是过了清明才采制，茶汤易“生青涩口”，这是因为

茶叶过老所致。过了清明的碧螺春虽然涩口，却有强烈的刺激性，入口之后带苦味，随即转甘，却成为少部分品饮者偏爱的独特口感。

春光乍现，碧螺春最为鲜绿，打开了人们心中的那一扇窗；夏日炎炎，溽暑的烦躁需要碧螺春来消解；秋日的萧瑟，总令人觉得孤寂，碧螺春的活润又点破枯索的沉闷；冬日的冷飕，精灵般的碧螺春又使心灵舒展，想着冬日来了，春天的脚步也不远了！

泡饮碧螺春，香郁味甘，连续品三泡，叶底转翠，绿茶奇绝的生命力令人惊艳！沉敛自己一身抹绿，等待与银壶的相遇，才释放出一身青春的芬芳。

茶与日光接触奔放

碧螺春和着春光的流动（左页左）
龙井不经发酵制作（左页右）

洞庭山的青山绿水

8章

白茶

玻璃的闪透

几片旗枪嫩芽的浮动，在虚空透明的玻璃壶中，表现着最深最原初的结构，在发芽的实体中舞出实体茶叶春花般的草动！玻璃壶的日常性，必注入对文化心灵空明中不灭的精华，才能告解透明与茶共构的通俗与精致，才能掌握玻璃材质的特点，不只是伺候品茗视觉上的需要！

玻璃器带来夏荷凉意

旗枪嫩芽空明浮动

水注入壶，壶倒出茶汤，飞向无尽的茶香世界做无尽的追求，在透明的水中，茶叶深沉静默，与这茶蕴藏的甘味浑然融合成为一体的茶汤，就由壶中的小宇宙在有秩序的和谐中，有默契地自然出现！

原本茶的身子被沉没遗忘，泡开的姿影不再隐身壶内，本来的意境旷邈幽深不可测，成为自然的一景。在物性聚足的水温中冲泡，释出茶单宁，浸出儿茶素的流露中，彰显各种茶的不同个性。

茶在玻璃壶中流动，当茶汤尽释时，独存茶渣的孤回，却正是静穆观茶色的内敛，练出茶叶背后的秘密，叫它无所遁形！

玻璃器闪透历史幽光

对玻璃器的认识，古今差异甚大。今人在日常生活中可见各式各样的玻璃器，尤以品茗用玻璃壶既方便，又具透明赏茶视觉之功。然，在宋代以前，中国的玻璃比玉或金银还要珍贵，因玻璃制作技术是由西方传入。西晋诗人潘尼（约250～311，西晋文学家，字正叔，荥阳中牟〔今属河南〕人）在《琉璃碗赋》中说："览方贡之彼珍，玮兹碗之独奇，济流沙之绝险，越葱岭之峻危，其由来阻远。"讲的是玻璃器来中国很不容易。物稀自然珍贵，王室视为珍玩，进入地宫长眠时还带着玻璃盏为伴。陕西扶风

玻璃的闪透

透明水中的茶叶深沉静默

法门寺出土的玻璃茶盏，就是被宠召入宫的，这是玻璃器与茶品饮的经典代表作，开启探究玻璃器与茶尘封的美好时光。

以茶盏品茶汤，是古人挟名器彰显地位的表彰，加上玻璃器易碎难保存，使玻璃器很难延伸应用。经历千年研究发展，今日玻璃工业发达，玻璃器成为一种大量生产的便宜日用品，玻璃壶因运成为泡茶器中的一种。

当然，今日所见是玻璃茶盏，最大的特色是透明状，茶在壶中很容易让人一目了然，一见钟情。玻璃的透明让茶现出原形之外，对于茶的香味与滋味有什么影响呢？玻璃壶泡哪一种茶最适合呢？

成分不同·朦胧有致

玻璃是一种固态性液体，主要的成分是矽砂、苏打灰、碳酸钠、碳酸钾、石灰及铝土、铅丹等。一般分为钠玻璃、钾玻璃与铅玻璃三大类。钠玻璃以碳酸钠加石灰及矽砂制成；钾玻璃以碳酸钾加石灰、矽砂等制成；铅玻璃以铅丹、碳酸钠加石灰、矽砂等制成，折光力强。

玻璃因成分不同，器形或呈晶莹剔透，或是朦胧有致，完全是其成分微小差异所致，今日常用玻璃器有玻璃壶、玻璃杯，流行于中国江南一带，用来品尝不发酵或是轻发酵的茶类。

使用玻璃器泡茶，除了有其方便性以外，也关乎茶叶的形体意象。茶叶在泡开刹那间的影姿，又常是视觉的焦点所在。以白茶为例，玻璃壶一旦登场，就是成就白茶为最上镜头的器皿。玻璃壶的材质透明度易使茶意象表露，白茶靠视觉来达到传递茶的甘美和茶的本质，也容易让人一见倾心。

视觉先声夺人

原本赏茶的理性，是通过外界知觉来实现眼前所见赏析；但视觉先声夺人，理性的落实是将品茶香的价值理性，必指向茶的香、醇、甘、甜等。品茗的理性，可用极端形式的玻璃器透明度来作为合理的权衡。目的合理性得用实质茶的验证，将白茶放进玻璃壶中，观察注水时散发的清雅香飘，加上白茶旗枪嫩芽的姿态撩人，正供给学茶人如何看汤色、闻香气、品滋味三阶段认识茶的学习之路。

用来形容白茶汤色最常用的是“清澈”“明亮”。“清澈”指的是茶汤透明度。质佳的白茶汤色应是清澈见底的，若茶汤透明度不佳，表示茶叶的制造过程有瑕疵。清澈度可以用眼睛直视杯子中间，由杯面汤色直接往下看杯底。清澈度高的茶汤则一览无遗；否则，虽然茶水与杯底的距离不远，却也难看清杯底。

“明亮”指的是茶汤表面的光泽，我们可以从茶汤与杯沿的连接面加以观察。明亮度高的茶汤，可以从杯沿茶汤穿透看到杯体的颜色，并不会遮掩杯体的颜色；反之，明亮度低的茶汤，在观察杯沿时就会形成一种视觉障碍，覆盖了杯体的颜色。

茶汤色泽受到空气影响会产生变化。尤其是在冬天，汤温会随时间下降，汤色随之变深，在相同的温度与时间里，汤色变化程度嫩茶大于老茶，新茶大于陈茶。因此，在品赏茶汤时，最好能将时间控制在十分钟内，较能看出茶汤原色，否则容易误判。

看汤色时，必须注意到室温与光线的影响。因此，在室内看汤色，以自然光最佳，日光灯次之，投射灯或是偏黄色灯光则会使茶汤颜色失真。

玻璃壶，泡茶器的一种

“快闻”捕捉刹那幽香

有关香气，必须先了解人的嗅觉。人类的嗅觉灵敏，很容易适应外来的刺激，也就是说，嗅觉的敏感时间是有限的，例如当得了感冒、鼻炎，吸烟、喝酒或吃了刺激性的食物以后，都会使嗅觉的灵敏度降低。因此，在品赏白茶之前，尽量不要吸烟或是吃刺激性的食物，以免影响嗅觉的灵敏度。

茶叶香气会受环境的温度影响。同样的香气会受到春、夏、秋、冬的更迭而有所变动。例如在冬天时，赏味者必须要“快闻”，以免香气散失；而在夏天，可以在茶汤泡好之后三至五分钟开始闻香。

嫩香清香好白茶

除了闻杯面香之外，叶底的香气也十分重要。叶底的香气往往考验主泡者的功力。品赏叶底最好在泡完茶后，稍事片刻再将茶叶取出，因为叶底在 45℃～55℃是闻起来最适中的；超过 60℃就会烫鼻；低于 30℃香气过低而难以辨别。这种专业闻看还必须加上对茶的了解，才有见叶底知好坏的识茶功力。

有关香气的描述，最好能以具体的事物传达缥缈的感官经验，并留下记录。先用专业的审评师用语提供参考：符合白茶香气经验的有“嫩香”“清香”“清高”等术语。

茶汤透明清澈见底

“嫩香”指的是柔和、新鲜幽雅的毫茶香。

“清香”指的是多毫嫩茶的特有香气。

形容香气的专业术语，对于入门者可别视为一种负担。当你将所闻到的香气用过往的经验结合自己的语言，例如：闻起来有枇杷或是柑橘的香气，是品茗中闻香的一种记忆载体的感官之旅。

“清高”指清纯而悦鼻的气味，这是泛指白茶好的味道；但是，若在品赏时闻到下列的“坏味”，你也可以提出质疑。

“水闷味”“石灰气”“焦味”“生青”“平薄”“青气”等，便是在品赏白茶时用来形容负面气味的“行话”。

开启味蕾品淡雅

品滋味,就是“喝了才算”？但,你的味蕾有没有开启？味觉在辨别茶汤味道，根据茶汤中不同的物质浓淡而产生不同的感觉。

飞向无尽的感官世界（左）
静穆赏茶色的内敛（右）

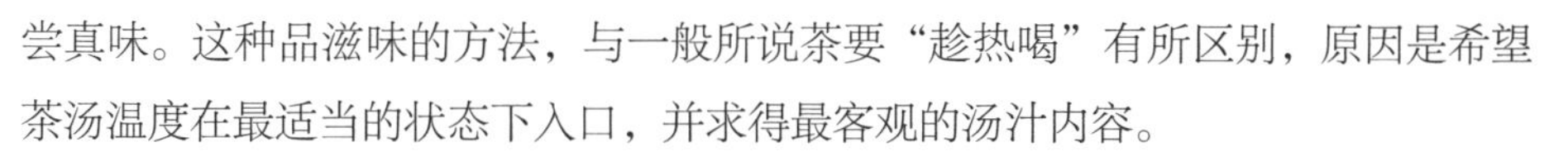

一般说来，舌头的各个部位对于滋味的感觉很不相同。以品赏白茶最重要的“鲜爽度”来说，舌中最敏感，舌尖及舌根次之。舌根对苦味最敏感。在品滋味时，自己要先了解舌头的特点，一边品滋味，一边在脑海里想着舌头的部位，如此才能品出真滋味。

同时，茶汤温度、品尝汤量、在口中停留时间、舌头的姿势与力道，都必须用心考量。

最适合品滋味的茶汤温度是 45℃ ~ 55℃，若高于 70℃就烫口，低于 40℃的茶汤涩味加重，难尝真味。这种品滋味的方法，与一般所说茶要“趁热喝”有所区别，原因是希望茶汤温度在最适当的状态下入口，并求得最客观的汤汁内容。

所以，在取用茶汤时，用瓷汤匙取出约 4c.c. ~ 5c.c. 较适当，多了就会满口是汤，难在口中回旋加以辨别；若茶汤太少也会尝不出滋味。

让茶汤在舌面滚动

这里要特别说明的是：取汤入口，瓷汤匙优于铁汤匙。制作精良的瓷汤匙，釉药讲究，用来闻香气也是十分实用。铁汤匙容易产生铁锈味，容易影响品味判断。

茶汤入口的速度，自然即可，不要太快避免呛口，让茶汤与味蕾均匀接触。舌尖顶住上门齿，唇微张，让茶汤在舌面上微微滚动，连吸二次气之后，随即闭上嘴，慢慢吞下茶汤。专业的品茶师则会在评审时将茶汤吐出，并使茶汤在舌中反复二三次，求得更客观的答案。

“鲜醇柔和”是一种白茶入口的新鲜正味，汤汁柔和顺口，温柔婉约不刺激。

清雅香飘，如流水般澄澈

而在新鲜的滋味中，又带着土壤所孕育出的醇味。品茶时掌握看汤色、闻香气、品滋味、观叶底，基本上就可在泡饮时客观地分析，但对茶种的基本认识却也不可少，那么白茶的种类和其特质就要细品分类。

视觉系的浪漫品茗

白茶尤为可爱

白茶是表面满披白色茸毛的轻发酵茶。明代田艺蘅（生卒年不详，字子艺，钱塘人）《煮泉小品》记载类似白茶的制法："茶者以火作者为次，生晒者为上，亦近自然，且断烟火气耳。……生晒者瀹之瓯中，则旗枪舒展，清翠鲜明，尤为可爱。"

现代白茶制作一般只有萎凋、干燥两道工序。因未经揉捻，茶叶冲泡后，芽叶完整而舒展，香味醇和，但汤色较浅。现代白茶主要生产于福建福鼎、建阳、政和、松溪等地。著名白茶有银针白毫、白牡丹、贡眉等，产量不太高，并外销东南亚，故多闻其名，见其身者不多。市面上较著名的白茶种类有：

（1）白芽茶：是用大白茶或其他绒毛特多品种的肥壮芽头制成的白茶，产于福建福鼎等地，浙江泰顺也有生产。产于福鼎的采用烘干方式，亦称"北路银针"，产于政和的采用晒干方式，亦称"南路银针"。

白茶品目分类表

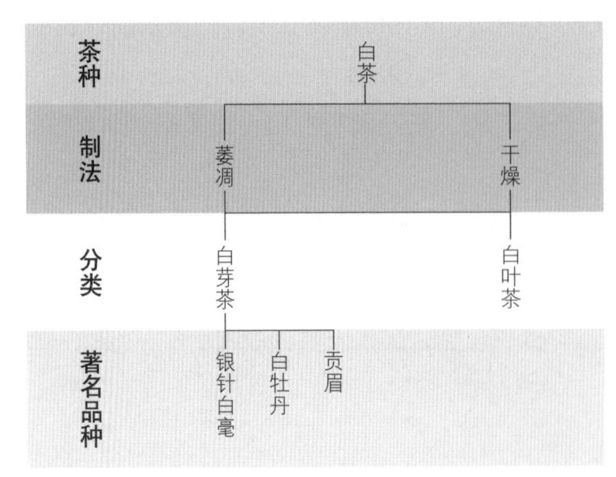

视觉的焦点所在（左上）
白茶是不发酵茶（左下）
静观茶身影的偶然（右）

（2）白叶茶：是用芽叶绒毛多的品种制成的白茶，采摘一芽二三叶或单片叶，经萎凋、干燥而成。外形松散，叶背银白，汤色浅黄澄明。主产于福建福鼎、建阳等地。

（3）银针白毫：亦称“白毫银针”，产于福建福鼎、政和的针状白芽茶，因单芽遍披银白色茸毛，状似银针而得名。

（4）白牡丹：是产于福建建阳、松溪等地的叶状白芽茶。因绿叶夹白色毫芽，形似花朵，冲泡后绿叶托着嫩芽，宛若蓓蕾初开的白色牡丹而得名。

白茶的制作与生产独树一格，使用透明的玻璃茶器来泡饮白茶，竟是静观白茶身影的偶然，感性的意义寄寓于茶叶中。玻璃器让白茶显得丰富而细腻，对品饮者提供一次接触白茶肌体色相的机会，品饮者注意的不只是玻璃壶内茶与水的飞舞，而是茶叶在舒展的背后，还有显著汤色与细腻的香芬层次等待被发掘，与款款从茶叶绒毫中轻泄出的优雅细致！

白茶尤为可爱

9章

黄茶

瓷器的激昂

品茗乐趣潜藏于永远的变化中，泡茶的执行过程可直接以壶与茶自然地面对面，不必通过其他媒介，可以自主性地了解，并诉诸感官，将茶自然流露的灵性与茶器清静无垢的力量结合。

若在选用茶器时，轻忽了茶种所流露色香味带来的意义，就难激起茶叶本体中的芬芳，更难见茶器共啜品鉴的泉源。所以容许对的茶器去调和茶所发扬的气氛，必须深思茶与茶器背后那一种哲理与现实条件的平衡。

潜藏微妙的滋味变幻

黄茶现身德化瓷剔透

以黄茶与德化瓷器的激昂缔写一段新奇的经验。黄茶的样貌以“正色”出现，如何在芸芸茶器中找到诠释，经由知黄茶惜德化瓷的转变历程，让品黄茶也如白茶在晶莹中现身，绿茶与银壶的高解析度中产生调和的美一样。

黄茶，是制造时有闷黄工序形成黄汤黄叶的茶。黄茶的特征是黄叶黄汤。初制方法近似绿茶，在揉捻前后或初焙后增加“闷黄”工序，使之闷堆发热，促使茶多酚氧化，叶绿素分解，使叶色、汤色变黄，香味变甜熟。由于采摘标准不同，闷黄工序长短不同，所产生的花色品种不同。（参见“黄茶品目分类表”）

黄茶品目分类表

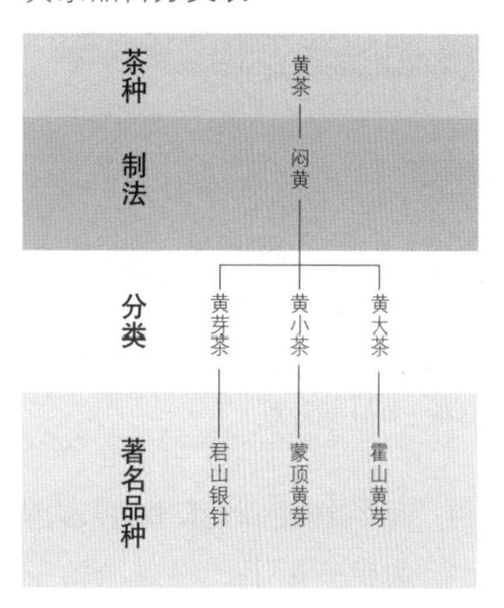

正色品黄茶

黄茶的“黄”意味着中国的正色，品黄茶的韵味，可以指涉对色彩意象的品味，那是尊者荣耀的表征。

品黄茶的韵味

采摘色黄绿肥壮单芽

黄色是五色之一，《易经》说“天玄而地黄”。古代阴阳五行学说，将五色、五方与五行相配，土居中，故黄色为中央“正色”。又在历史际遇中宋代创国者赵匡胤以黄袍加身而称帝，而“黄色”便产生与皇帝的联想，但黄茶的出现却早在唐代。

粉嫩婴儿红

色彩意象捕捉心理与生理意象都产生影响，明度最高的黄色，常是好吃与温暖的颜色。而哪款瓷色最能反映黄茶的精神？

唐代李肇（唐代文学家，其生平不详，唐宪宗元和时期任左司郎中）《国史补》中所列名茶就有“寿州霍山黄芽”。黄茶在揉捻前或揉捻后，或在初干前或初干后进行闷黄。根据鲜叶的嫩度和大小分为黄芽茶、黄小茶和黄大茶三类。

黄茶的黄之“正色”，必经瓷器的激昂才能发散，德化瓷胎土含钾量高，烧结出来的若糯米般细腻，烧出来的颜色中闪透着如婴儿红般的滋润。黄茶正色加上德化洁白的胎体，加强了茶的激昂在釉色中的流泻，颜色交织成一段德化瓷名扬西方的光耀，而德化茶器具有崇高地位。

欧洲风靡中国白

德化瓷是中国名瓷，产自今福建德化。宋代已烧制白瓷和青白瓷，元代的青白瓷已远销海外，明代生产的白瓷，在当时中国具有相当代表性。由于所用瓷胎的含铁量低，含钾量较高，高温烧成后，色泽光润明亮，乳白如凝脂，在光照之下，釉中隐现粉红或乳白，而博得“象牙白”美称。

色彩意象，品味联想

明德化白瓷远销欧洲，法国人又称“鹅绒白”或“中国白”。器物以炉、杯、茶器为多。明代德化白瓷，明清人亦称“建白”。清代德化窑仍烧制白瓷，但其釉色相较之下已略呈青色。现代除了生产白瓷之外，还尝试生产各种色釉与纹片釉产品。

具有深厚历史底蕴的德化瓷，到了明清以后，受到中国瓷器大量外销的助长，来自欧美订制的茶器有壶有杯。如今从海中打捞出水的德化茶器，证明了：茶器非用“中国白”不可。

1981 ~ 1987 年，美国考古队在加勒比海牙买加进行发掘，发现 17 世纪德化窑制造的白瓷茶杯、送子观音像等器物。这些瓷器是西班牙“马尼拉”号载运。

“中国白”风靡欧洲

博得“象牙白”美称

1571 年，西班牙人占领马尼拉，马尼拉成为贸易的转运站，开辟了穿越太平洋至中美洲墨西哥的航线，牙买加也在其间。这批在牙买加发现的德化瓷器中有印有葡萄纹的茶杯，同时间适逢欧洲开启制瓷的原动力。

1673 年，法国人波特拉特在里昂设立瓷厂，是法国瓷业的先驱，并获法王赋予其特许状，专制中国风格的瓷器盘、碗、壶、瓶等。1715 年，德国麦森（Meissen）的匠师柏特格开始仿制德化白瓷，成功制作了两件，并掀起欧洲各国仿德化瓷的热潮。

今日回顾欧陆制瓷，并奠下成为行销世界名牌的基础，其核心力量是茶与茶器的双向互动。再回溯德化瓷风靡世界时，除了欧陆以外，当时南洋一带的需求也促使德化瓷畅销。来自南洋的品茗风格又迥异于西方品饮绿茶与红茶，而是聚焦闽北与闽南为主的青茶。

清周凯（？～1837，字仲礼，号芸皋，浙江富阳人）《厦门志》记载：清朝以厦门为通洋正口，“厦门准内地之船往南洋贸易”，“其出洋货物则漳之丝、绸、纱、绢，永春窑之瓷器……”。1734 年永春县“升为州，直隶福建布政司，领县二：德化、大田”。因此“永春窑之瓷器”包括永春、德化、大田之瓷器。

1822 年，一艘重达一千多吨的“泰兴（星）号”巨型帆船装满主要是德化瓷器从厦门出发，前往爪哇印度尼西亚，在中沙群岛附近触礁沉没；1999 年被打捞出水，船上三十五万多件瓷器大多完好如初，其中德化瓷多为清乾嘉甚至道光所生产的。出水德化瓷见证与茶共生的关系。

德化历代瓷器外销，满足饮食生活的需求。德化窑的历代产品，以日用饮食生活器皿碗、盘、杯、碟、壶、罐为大宗。

德化窑工还善于根据各国不同的风俗民情，设计制造适合不同地区生活习俗的各式器皿。17 世纪，福建茶叶外销欧洲，德化窑随之生产茶壶、茶杯等茶具出口到欧洲。这时期，欧洲人喜欢茶壶有过滤器，以便将茶水滤出，德化窑根据需求制作出带过滤器的茶壶，如此茶叶就不会塞在茶壶出水口，同时也不会让茶渣流出来，因而广受欢迎。然而，德化瓷的魅力除了实用之外，本身釉色的如凝如脂的质感更是诱人，而在品饮黄茶时更增添了茶汤的圆润感。

胎釉浑然一体如玉

德化瓷胎釉浑然一体的玉质效果，原本是中国对玉器推崇的风尚，促使瓷器极力追求玉器的质感效果。建白瓷以乳白釉为主流，密贴的釉质呈色与胎体几乎一致，形体温润剔透，胜似玉器的玲珑风度，轻敲发出清脆的金属声，进而博得“似定器无开片，若乳白之滑腻，宛如象牙光色，如绢釉水莹厚”的美誉。

此外，还有人形容德化瓷是“瓷器中的白眉”，“虽然胎壁较厚，却比灯罩更为透明”。欧洲称之为“中国白”，“乃中国瓷器之上品也。与其他东方名瓷迥不相同，质滑腻如乳白，宛似象牙。釉水莹厚与瓷体密贴，光色如绢，若轻瓷之面泽然”。

德化瓷质滑如绢，显出光美的胎面，正如黄茶独具汤黄味熟的特质，德化瓷是对黄茶最佳的诠释。将黄茶金玉般娇躯尽散壶身，在温度的催促下释出茶的本质，让茶汤与壶器都散发出诱人的气息，得到泡茶最佳效果。这也呼应了德化瓷本身的灵秀之气，就如同黄茶茶质本身因地理环境所勾勒起一串山明水秀。

瓷器中的白眉

君山银针金枪林立

探索黄茶的根源后，同时搜寻茶种的诸多取向，才能知晓德化瓷釉光和形制所带来韵黄茶持久的满足。就以黄茶中的“君山银针”为背景深入了解。

君山银针，是产于湖南岳阳洞庭湖君山岛的针形黄芽茶。冲泡时，开始芽头冲向水面，悬空挂立，徐徐下降于杯底，如金枪林立，又似群笋出土，间或有的芽头从杯底又升至水面，有起有落，十分悦目，被称为“雀舌含珠”。

品饮君山银针，令人惊喜：开水注入，白色芽叶受到热水激冲，清飘的叶片随着水流载浮载沉，时而缓缓下降，时而又见芽头从杯底升至水面，这幅茶叶在茶汤中波动往来的奇景，令人百看不厌。

如此黄茶，又是如何精制完成，带来令人爱不释口的杏香？又有哪些黄茶也同君山银针一般出名？

君山银针的制作需要经过很复杂的工序。《中国茶叶大辞典》说明如下：

（1）杀青。锅式杀青，每锅投叶量约0.3公斤，两手轻轻翻炒，不摩擦锅壁。杀青时间三至四分钟，芽的含水量降到65%时出锅。

（2）摊放。杀青出锅后，放在竹筐内摊放五分钟左右，簸扬十余次，散去余热、碎末。

（3）初烘。将摊放叶放在裱糊牛皮纸的竹筐内，置于炭火上烘焙，每隔二三分钟稍翻动，初烘至五六成干时下烘摊放五分钟左右，进行初包。

（4）初包。用双层牛皮纸包装，每包1至1.5公斤，包后藏入木桶或铁皮桶中，闷黄两天左右，待芽色转为橙黄。

（5）复烘。投叶量比初烘增加一倍，待烘至七八成干时出烘摊凉。

扣人心弦的茶香

（6）复包。方法与初包相同，仍藏在桶中闷包一天左右。

（7）干燥。通过上述工序后，已成黄茶，再烘至足干。

蒙顶为最佳

此外，蒙顶黄芽也是值得介绍的黄茶种类，它是产于四川名山蒙山区域的扁直形黄芽茶。唐代李肇《国史补》："剑南有蒙顶石花、小方、散芽列为第一。"北宋范镇（1007～1088，字景仁，华阳〔今四川成都〕人，文学家）《东斋记事》："蜀之产茶凡八处，雅州之蒙顶，蜀州之味江……然蒙顶为最佳也。"采摘色黄绿而肥壮的单芽，经摊凉、杀青、闷黄、整形提毫、烘焙干燥而成。形状扁直，芽匀整齐，鲜嫩显毫，汤色黄绿明亮，甘香浓郁，主产西南地区。

蒙顶黄芽茶汤飘着炭烤过的白果（银杏）香，初入口并没有强烈的个性，韵味也是轻描淡写，是滑过舌面的惊鸿一瞥。有了这番品饮经验更能深入了解制茶流程，包括杀青、初包、复锅、复包、三炒、摊放、四炒、烘焙等步骤。

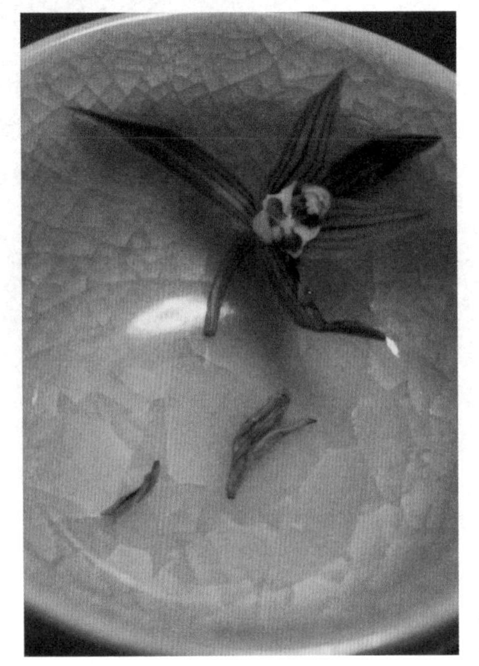

细嫩芽叶制黄茶

接下来还有黄小茶。这是以一芽一二叶的细嫩芽叶制成的黄茶。主要有北港毛尖、远安鹿苑、温州黄汤等。北港毛尖唐代称"㴩湖茶"，产于湖南岳阳康王乡北港的黄小茶。唐代李肇《国史补》："岳州有㴩湖之含膏。"北宋范志明《岳阳风土记》："湖诸山旧出茶，谓之㴩湖茶，

如金枪林立的君山银针（上）
品饮黄茶引人入胜（下）

“黄”意味着“正色”

李肇所谓岳州之灉湖含膏也，唐人极重之。”

此外，产于安徽霍山与湖北英山等地的霍山黄大茶，大枝大叶，经过杀青、初烘、闷堆、烘焙。初烘至含水率20%左右，下烘趁热闷堆五至七天，再进行足火，烘至九成干时，加大火温烤，再包装。

黄袍加身尊荣联想

黄茶的代表作因为地区山头气不同，而潜藏微妙的滋味变幻，唯一不变的是黄茶的品质特征：黄叶黄汤。这是中国人喜爱的“正色”，联想黄色的贵气应与皇室爱用黄色有所关联。“黄袍加身”的黄和瓷器上常用的“娇黄、嫩黄”都暗藏着对黄色尊荣美好的想象空间。品饮黄茶引人入胜的遐想，也与其销路市场的地域有关，主要销往北京、天津一带，令人不禁推想这地区性消费的特色与尊贵性。台湾地区对于黄茶很陌生，遑论配器关系。

综合赏茶等五大项目：外形、汤色、香气、滋味、叶底所整合出的甲、乙、丙三种级数，其间有的品质特征可供认识黄茶的量表之用，同时在与德化瓷的互动搭配上，因其特殊条件而催化品饮的美味关系：德化瓷器的釉表可将黄茶茶汤衬色，尽情诠释黄茶的“正色”；德化瓷的玉质效果不仅有丰富的诗意，更是品茗时清静无垢的力量。

黄茶香味甜熟

10章

青茶

紫砂的韵味

青茶种类繁多，各具特色，最令人齿颊留香的应属武夷岩茶。如何泡出武夷岩茶的好滋味？则以紫砂壶和潮汕壶最能表现真味。

这也是风行福建、广东一带的『功夫茶』泡法。功夫茶除了在泡茶时需要时间功夫，更要懂得累积功夫，找到最佳泡壶搭配青茶才能得好滋味。

什么是真味？青茶中最具代表性的是武夷岩茶，哪种壶才能品出武夷岩茶的清、香、甘、活？

释出一身的劲味

清香甘活武夷岩茶

武夷岩茶历史悠久，品赏过它的人不计其数。鉴赏武夷岩茶首在品“岩韵”，历代文人雅士莫不穷究这种美妙韵底！清梁章钜（1775 ~ 1849，字闳中，又字茝林，一作茝邻，号退庵，又号古瓦研斋）写《归田琐记》，将武夷岩茶的风韵归结为“活、甘、清、香”四字。进一步诠释“香、清、甘、活”的岩韵：

（1）香：武夷岩茶香包括真香、兰香、清香、纯香。表里如一，称纯香；不生不熟，称清香；火候停匀，称兰香；雨前神具，称真香。品饮武夷岩茶闻香时，各人有各人的感受：“茶香馥郁具幽兰之胜，锐则浓长，清则幽远。”“其香如梅之清雅，兰之芳馨，果之甜润，桂之馥郁，令人舌尖留甘，齿颊留芳，沁人心脾。”

（2）清：指茶汤色清澈艳亮，茶味清醇顺口，回甘清甜持久，茶香清纯无杂，没有“焦气”“陈气”“异气”“霉气”“闷气”“日晒气”“青草气”等异味。香而不清的武夷岩茶只算是凡品。

（3）甘：指茶汤鲜醇可口，滋味醇厚，会回甘。香而不甘的茶是“苦茗”，不算好茶。

（4）活：指品饮武夷岩茶时的心灵感受，这种感受在“啜英嚼华”时需从“舌本辨之”，并注意“喉韵”“嘴底”“杯底留香”等。

武夷岩茶与其他青茶在制法上有经过发酵与焙火精制，两道工序造就青茶滋味丰润万千，令人爱上终身不悔！

品武夷茶，齿颊留香

青茶带来味觉远景

青茶中的武夷岩茶带来味觉远景，品一口武夷岩茶的清香甘活，才知晓茶可叫味蕾跳舞。

清人袁枚（1716～1797，清代诗人，字子才，号简斋，别号随园老人）对武夷岩茶从排斥到接受，他的味蕾被岩韵感动，并在《随园食单·茶酒单·武夷茶》篇中写下心路历程："余向不喜武夷茶，嫌其浓苦如饮药然。丙午秋，余游武夷，到曼亭峰、天游寺诸处。僧道争以茶献。杯小如胡桃，壶小如香橼，每斟无一两。上口不忍遽咽，先嗅其香，再试其味，徐徐咀嚼而体贴之。果然清香扑鼻，舌有余甘。一杯之后，再试一二杯，令人释躁平矜，怡情悦性。使觉龙井虽清，而味薄矣；阳羡虽佳，而韵逊矣。颇有玉与水晶，品格不同之故。故武夷享天下之盛名，真乃不忝。且可以瀹至三次，而其味尤未尽。"

袁枚爱上武夷岩茶，说出品茗特殊经验，他形容武夷茶特色是"清香扑鼻，舌有余甘"。这里所指的"甘"就是茶韵，这就是武夷岩茶的岩韵，这也是松罗茶所没有的。文人雅士由绿茶移情到青茶的原因，或者就是迷恋这种喝一口就满嘴生津的魅力吧！

而更有趣的是，袁枚坦承自己本来不喜欢喝武夷岩茶，由害怕茶的浓苦到迷恋武夷岩茶的甘美，其间好壶助力不少！

壶小如香橼

袁枚说"杯小如胡桃，壶小如香橼"就是功夫茶器：讲究杯小才能够聚茶香，

岩峰孕育武夷香

才能品出茶的真味。壶小才能浸出武夷岩茶的色香味。与袁枚同时代的章甫（1755～1816，字申友，别号半崧，台南人，曾中科举，清嘉庆年间贡生）诗中又可见对茶香的相同赞叹。

章甫写道："茶烟缕缕清课罢，香风绕遍读书庭。"茶汤香气在诗人眼中竟是如此幽远，足以绕遍书房，进而成为他所谓的文人"清友"。

茶要泡得色香味淋漓尽致，必须有茶器的辅佐。茶器的选用关键在于其是否能彰显茶滋味。

关于功夫茶器，清俞蛟（字清源，又字六爱，号梦厂居士，清乾嘉时人）《梦厂杂著·卷时·潮嘉风月》写道："功夫茶，烹治之法，本诸陆羽《茶经》，而器具更为精致。炉形如截筒，高约一尺二三寸，以细白泥为之。壶出宜兴窑者最佳，圆体扁腹，努嘴曲柄，大者可受半升许。杯盘则以花瓷居多，内外写山水人物，极工致，类非近代物。……"

圆体扁腹潮汕壶

到了清代，宜兴壶大兴，俞蛟爱茶，对壶观察入微才有"圆体扁腹"形制的解析。事实上，功夫茶所用的壶，以紫砂泥料中的朱泥最为出名。宜兴的朱泥壶有名，潮汕一带也以当地的土质尤以

岩茶香气馥郁似兰花（上）
砖胎结构具有过滤功能（下）

枫溪、风塘、浮洋、龙湖的泥料发展出以手拉坯成型的壶器。清中叶以前，这一类的壶制品往往以孟臣或逸公为名，并没有落下作者名号，直到 1847 年，吴英武在枫溪成立的“源兴号”，并用“源兴炳发”“萼圃”“萼圃督造”“源兴炳记”的款识制壶。

砖胎南罐滤出好口感

潮汕壶在台湾被称为“南罐”，而紫砂壶被称“北罐”，盖因窑址在地理上的南北之分吧。而加以实际的操作，才知道一把壶在品茗时的功效影响至巨。

一把潮汕壶高 6.5 厘米，壶身直径 7 厘米，胎薄轻巧。砖胎的特殊结构具有过滤功能，能修饰茶汤中的单宁酸，使茶汤喝起来口感更滑顺，在泡饮焙火茶时可修饰茶的燥气，受到潮汕人士推崇。潮汕壶的拉坯更见陶工手艺之精，有别于宜兴壶挡坯制法，使用时更带来养壶乐趣。

紫砂与单宁和鸣

潮汕壶的砖胎可以滤去焙火味，带出茶汤的柔软度。而紫砂壶的韵味与青茶和鸣，像是听见贝多芬的奏鸣曲，每啜一口就仿若是浸淫在音符里飞扬。春光的

紫砂与丹宁和鸣（上）
朱泥壶泥质细致（下）

闪亮光点在紫砂壶的器表里，半发酵茶焙火发散出的独具的甜味，舒展茶叶的情绪，才得奔放香、清、甘、活四绝。茶常说不清楚，却得在可见的茶叶中找寻隐秘的芬芳！

泡茶有时存在说不出口的感受，幸好茶的制造与分类，再加上著名的紫砂壶，让茶与水达到和谐。

朱泥壶加乘细致香气

朱泥壶为品饮武夷岩茶的上选，朱泥烧结温度在1200℃以上，加上泥质细致，对发散武夷岩茶的细致香气有加乘效果。

朱泥壶，非以红颜料染成的壶，亦非“外红内紫”的“紫砂”壶可以比拟的。要想精进，在茶艺跃升，基础功不可少，尤对朱泥、紫泥的发茶性之不同，不应人云亦云，跟着前人脚步走，一定走入死胡同。

饱满壶器有利茶叶舒展

岩骨舒展释劲味

做个有趣的实验，以等量茶搭配不同材质、容量的壶比试划分高下。其间

壶的形制和烧结，俨然在严密的结构组织分子带动下，引导每一泡的滋味变化。面对如此复杂的状况，针对青茶的各种类型与壶形也有专业提醒：置将同茶量，分别放入紫泥壶、朱泥壶，茶汤一出，滋味各有千秋！

朱泥壶壶形，宜扁不宜高，这乃是因运茶形而来，凡壶身高或呈球状、饱满状的壶器有利卷球状茶叶，却不利条索状茶种。原因是：一般泡茶者，稍有疏忽，壶底水未尽出，容易积压在内，轻者让茶汤浸出酸味，重者岩韵甘滑却成苦涩！选用扁平形壶器，让岩茶舒展筋骨，释出它一身的劲味！

紫砂壶器对青茶的半发酵单宁酸，更能使之转化，会使茶汤更为柔美有味，紫砂壶的魅力不单存在对于名家壶的仰慕之情，更直接的是其发茶性。

紫砂壶的神奇

紫砂壶在成形过程中，系用精工工序把器形周身理光，形成一层致密的表皮层。由于表皮层的存在，使烧成温度范围扩大，无论在正常烧成温度的上限或是下限，表皮层容易烧结而形成内壁气孔。这也是茶入壶内会转好喝的原因。

双重气孔具有较高气孔密度，茶放置其中不易变馊。此功能由茶壶本身材质及精密造型建构。以紫砂壶的壶嘴为例，嘴小，壶口壶盖配合密切，口盖形式多呈压盖结构，而施釉瓷壶壶嘴大，多口朝上，口盖形式多呈嵌盖结构。

紫砂茶壶制作的精密度高，比施釉的瓷壶，减少了混有黄曲霉等流向壶内的渠道，相对推迟了茶汁变质的时间。

壶为茶服务，懂壶同样要懂茶，掌握青茶的制作特色，也有助于选择最适

青茶带来味觉远景（上）

合该茶的壶，达到双赢互利的局面。同时要了解青茶工序与品目名称互异，不同茶种，存在发酵与焙火的变数，要选一把好壶，就难用“紫砂”来概括定夺。例如青茶从闽北、闽南、广东到台湾都有其产区，可说是百茶齐放的格局，如何进入青茶的世界？参见“青茶品目分类表”。

青茶品目分类表

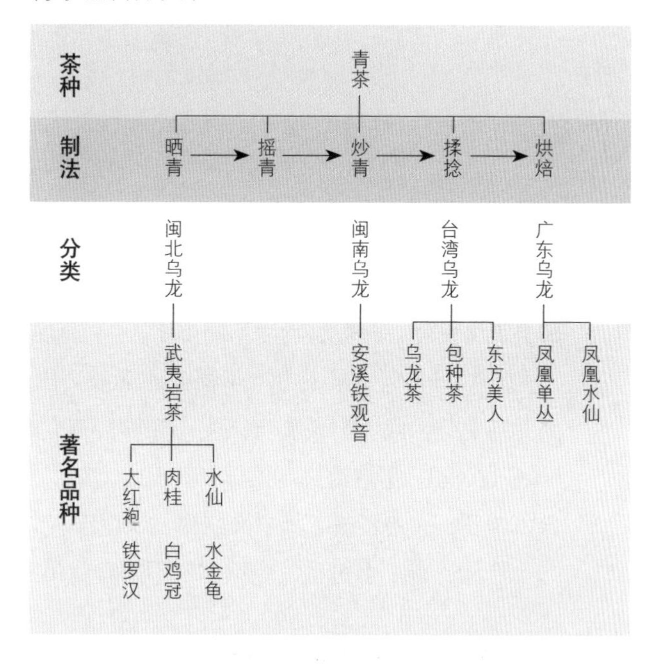

绿叶红镶边的魅力

青茶是经过半发酵工序，形成绿叶红镶边的茶。发源地有闽南与闽北武夷山之说。清陆廷灿（清康熙年间崇安县令）《续茶经》：“武夷茶……炒焙兼施，烹出之时，半青半红，青者乃炒色，红者乃焙色也。茶采而摊，摊而摝，香气发越即炒，过

乌龙茶山头气有待发掘（左）
安溪铁观音的故乡（右）

时不及皆不可。即炒即焙……”看茶必经晒青、晾青、摇青、炒青、揉捻、烘焙等程序才能完成。

青茶茶干色泽青褐，汤色黄亮，叶色通常为绿叶红镶边，有浓郁的花香。有闽北乌龙茶、闽南乌龙茶、广东乌龙茶和台湾乌龙茶之分。不同地区乌龙茶按多酚类氧化程度，即发酵程度不同排序。《中国茶叶大辞典》做了下列分类：

（1）闽北乌龙茶：主产于福建北部武夷山一带，包括武夷岩茶、闽北水仙、闽北乌龙等。武夷岩茶属青茶类，亦称岩茶、武夷茶。岩茶得名来自武夷山方圆60平方公里，平均海拔650米，有三十六峰、九十九名岩，岩岩有茶，茶以言名，岩以茶显，故名岩茶。其中大红袍、铁罗汉、白鸡冠、水金龟称“四大名丛”。

名丛还有：十里香、金锁匙、不知春、吊金钟、瓜子金、金柳条等。品质好

选把好壶，泡出真味

先嗅其香，再试其味

的岩茶香气馥郁胜似兰花，而品时深沉持久，浓饮不苦不涩，味浓醇清活，有岩骨花香之誉，称为“岩韵”。这也是分辨岩茶的不二法门。

著名的岩茶大红袍，以武夷山九龙窠高岩峭壁上的名丛大红袍鲜叶制成，成为乌龙茶的珍品。铁罗汉产于武夷山慧苑内鬼洞；白鸡冠产于武夷山慧苑洞火焰峰下外鬼洞。武夷岩茶还有水金龟、武夷肉桂、水仙等。武夷岩茶还以产地环境区分，称岩茶、半洲茶、洲茶。这种以生长地区区分的茶，品茗者必须一一比较，才能深入其境!

（2）闽南乌龙茶:主产于福建南部安溪、永春、南安等地。茶鲜叶经晒青、晾青、做青、杀青、揉捻、毛火、包揉再干制成。主要品种有铁观音、黄金桂、闽南水仙等。

铁观音原产于福建安溪西坪乡，经晒青、晾青、做青、炒青、揉捻、初焙、包揉、复焙、复包揉、烘焙、摊凉制成。

条索卷曲，肥壮圆结，砂绿翠红点明显。叶底呈绸面光泽。铁观音正统品种是“歪尾桃”，今日被新品种取而代之，成为稀有品种了。

黄金桂采制方法同安溪铁观音，条索紧细卷，油润金黄，香高长，味柔美，具桂花香，汤色金黄明亮，味清醇鲜爽。这种茶已部分移种至台湾北部，取用“玉桂茶”之名。

（3）广东乌龙茶：产于广东东部，分为凤凰水仙、色种、铁观音与乌龙四类。色种茶具有花香醇和的特点，以奇兰品种为优；铁观音则采铁观音品种鲜叶制作而成；乌龙采小叶乌龙品种鲜叶制作而成，清香醇和。

凤凰单丛产于广东潮安凤凰乡，有天然优雅花香，滋味浓郁、甘醇爽口，独具特殊蜜味，汤色清澈，耐冲泡，其工序经晒青、晾青、做青、炒青、揉捻、烘焙制成。分单丛、浪菜、水仙三种级别。有天然花香，蜜韵，滋味浓、醇、爽、甘，耐冲泡。

上述武夷岩茶、铁观音或广东乌龙茶，要取得真品不易。事实上，岩茶或是铁观音的制作、传承，与台湾茶关系密切。

（4）台湾乌龙茶：发酵程度有轻有重，发酵重者近似红茶汤色泛红；发酵轻者汤色绿黄，著名的台湾乌龙茶有：冻顶乌龙茶、包种茶、东方美人。目前发展出高山乌龙茶，产区遍布台中县、南投县山区，由杉林溪、阿里山到梨山，均有优质高山乌龙茶成为消费新宠。

台湾栽培的茶树品种由大陆引进，其中以“青心乌龙”是制造乌龙茶最佳品种。正式的记录是1910年平镇茶业试验所（台湾省茶叶改良场前身）引进种子播种，并进行选种。

1918 年，茶业试验所选出青心大有、大叶乌龙、硬枝红心、青心乌龙等四大台湾优良品种。

台湾省茶叶改良场的记录，台湾光复以前，全台以种植青心乌龙种最多；光复后因为台湾茶的生产方式以绿茶为主，茶树品种则以青心大有后来居上。在茶改场的努力下，台茶品种种植有了一番荣景。

台湾茶种注新血

有关台湾茶树品种，台湾省茶叶改良场有十八种育种记录，分别命名为台茶 1 号到 18 号。而乌龙茶茶树品种有下列几种：青心乌龙、青心大有、大叶乌龙、四季春、台茶 12 号（金萱）、台茶 13 号（翠玉）。茶种对消费者而言是专业问题，却是深入浩瀚茶学的开始。

台湾茶不断推出新品种，如农委会茶业改良场历经四十多年育种试验后，2006 年完成台茶 19 号“碧玉”、台茶 20 号“迎香”两个新品种茶树的育种与命名，分别具有产量高、香气浓与抗病力强的优

体验茶器共生的境地

点，是独具“品种权”保护的茶树品种。

台茶19号具有易栽培管理、耐病虫害等特性，兼具青心乌龙与台茶12号的优点。台茶20号则有生长势强、耐旱、产量比青心乌龙增加20%、低海拔种植香气仍然浓郁等特色。新品种的出现多了选择性，想要抓住泡茶特色，得与壶的形制研究呼应，才能泡出乌龙真味！

懂茶与用壶是品茗深度化的结果，主要是爱茶人在喜爱的基础上扩大与延伸！买好茶或藏名壶带有炫耀意味外，进而延伸了解青茶与壶的互动才是精妙！若一泡茶在眼前，你能立刻启动手上的壶器，让茶的品位尽情发挥，这就达到了茶器共生的境地。

11章

红茶

手绘的浪漫

品红茶常给人两极化的观感：一种是优雅地坐在高级饭店中享受下午茶的悠闲，手上拿着精美的骨瓷茶杯细细品味；另一种是拿出一包红茶茶包放进马克杯中，就着饮水机冲泡后，就匆忙喝下肚。红茶受西方人的崇敬而有了高规格的品用，反倒是红茶的故乡——中国，珍爱红茶不若西方社会。

红茶紧扣名牌瓷器

瓷器享用红茶香

为了红茶订制茶器

原产于福建武夷山的正山小种，通过贸易被介绍到西方社会，融入欧洲上流社会。茶和瓷器共同熏陶：由中国到欧陆，再由欧陆传销世界。由茶形构的一款异域文化悄然渗透，形塑了另番混种文化，逸散在今日东西文化场域中。

茶与瓷器都由东方传来。原本瓷器被用来典藏，当作社会阶级符号。18 世纪以后，欧陆收藏瓷器的风雅时尚已转化为实用取向，纷纷以茶具的实用瓷器来享用红茶香。自此，欧陆瓷器产业走上了康庄大道。

紫砂器作为镇店宝

这时欧陆瓷器制作业者，学习来自中国江苏宜兴朱泥或紫泥壶具，西方瓷器业者潜心研发，自创品牌，三百年后仍活跃舞台，例如创立于 1710 年的德国迈森（Meissen），以及 1762 年荷兰台夫特（Delft）。除了在自家博物馆摆设紫砂器作为镇店之宝，明白告知他们承继的文化源头之所在，同时，更不忘与人分享这历史的光环。

如今，一提到品红茶就联想到西方英式下午茶，茶器也由西方名牌瓷器作为主流用器了；在一段历史演变中，红茶与用壶都成为西方瓷器名牌的风光历史。

欧洲名牌壶的中国精神

16 世纪后期，荷兰开始把茶叶从中国装运到欧洲时，他们购买的茶壶体积小。17 世纪 70 年代后期，荷兰陶工才研制出保温茶壶。埃勒尔兄弟（Elers）住在斯坦福郡,开始学习制作陶瓷壶器，并创建英国的制陶工业。

18 世纪，英国的陶工制造陶器、瓷器与骨瓷茶具，当时命名为韦奇伍德（Wedgwood）、斯波德（Spode）、伍斯特（Worcester）、明顿（Minton）、德比（Derby）的茶器著名，如今传承成为世界知名品牌。由传世的壶器来看，当时的茶壶原本遵照中国的传统，采用神话中的标记与动物来制造，后来的茶壶则反映了 18 世纪洛可可的形式。风格历经一世纪以后有了转变，取而代之的是 19 世纪维多利亚时代的装饰风格。

丰润品茗时的视觉飨宴

如今在西方文化的促动下，西方品茗壶器设计出现多元风貌，从动物、植物、鸟类到家具、汽车、文学形象及来自商业及大众生活中的人物为主题，用写实或写意方式来表达。这些和生活容器结合的茶壶趣味性高，有别于中国传统壶器庄严肃穆的造型。西方制壶体现多元，丰润品茗时的视觉飨宴。

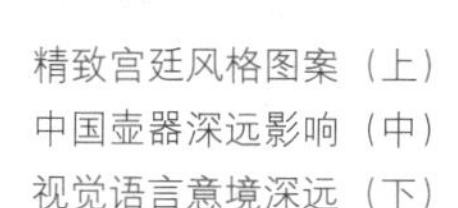

精致宫廷风格图案（上）
中国壶器深远影响（中）
视觉语言意境深远（下）

但在西方品牌出产壶器至今留下经典的器形，如今依旧是中国壶器外，值得深究的茶文化领域。在往昔贸易所留下的部分壶器中，见证东西文化撞击交融的历程，而部分茶壶输出欧陆，引动功能上的小变化，壶器身上多了镶嵌。

这种以器为重，想要小心保有的疼惜心，在壶身上镶嵌金银或其他金属，如今看来又是另番风貌。同时期，中国流行的壶，正处于“壶小宜泡茶”的阶段，却在外销欧陆时随着不同的品茗习惯，在壶器的容量上也做了改变。

18世纪壶柄变大了

为了适应西方人使用上的舒适性，18 世纪中叶，东印度公司把所销售中国茶壶的壶嘴和把柄做了修改，壶把变大了，以适应欧洲人较大的手形，中间还装饰了城市的纹章。

此间欧洲皇室订单制壶，多有所需图案的既定规格，壶在实用功能之外，更成为阶级的象征，也埋下往后欧洲制瓷的风潮的引子。

茶是中介，品茶之需发展出来的壶，甚至成为全面制瓷工业发展的引擎。茶，正是背后推波助澜的功臣！壶器的表现形式也反映出东西文化的不同，从一把壶的外在形式，到内在抽象意涵的表达，能充分体察出东西方审美感的分野。

中国陶瓷传入欧洲产生广泛的影响，这与它的艺术样式的特质是分不开的。形式在康丁斯基（W.Kandinsky，1866 ~ 1944，俄国人，1911 年写《艺术的精神性》等书，是现代抽象艺术的启示录）看来是

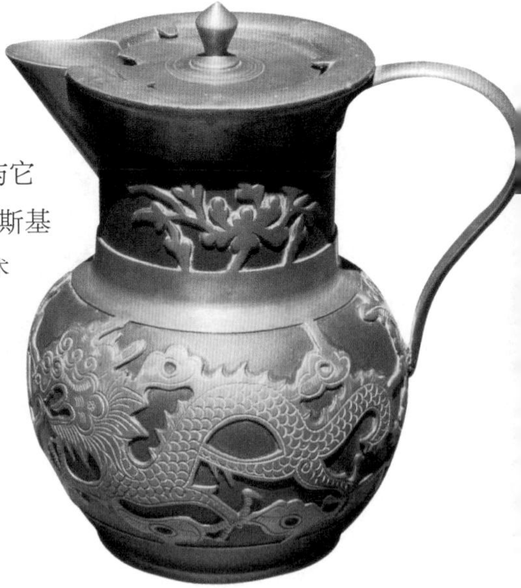

紫砂红茶壶具

西方红茶品牌成熟

传达内在精神的物质。从纯形式角度分析，儒、释、道三教合一的文化精神，在壶器的装饰、造型极其复杂的材质中得到融合，因而总体的视觉语言总是显得意境深远。

内容大于形式的审美观

中国艺术以意取胜，追求形式上的抽象性。这使得中国陶瓷艺术显现出来自心灵感受直接性的纯粹的内在表达，从而在观赏者与艺术作品之间产生内容大于形式的审美感。

显然，壶的意境在中国品茗中，大量文人以诗歌咏叹，与东方的“以意取胜”概念大有关联；反是西方对壶实用性的考量，壶之成为壶，尤其是红茶用壶，其壶身上的彩绘、装饰或捏塑，多是为了满足直观的效果。

红茶茶器在西方出现大量手绘瓷壶，表现西方的审美趣味，同样地，在品用红茶方式中，也出现了清饮与调饮的两种不同方式。

“清饮法”和“调饮法”

“清饮法”和“调饮法”是以茶汤中是否添加其他调味品来区分的。

中国大多数地方饮红茶采用“清饮法”，没有在茶汤中添加其他调料的习惯。反而在欧美国家，一般采用“调饮法”品红茶，喜欢将牛奶加入红茶中。通常的饮法是将

独特的中国红茶值得品赏（上）
依照个人情境机动冲泡（下）

茶叶放入壶中用沸水冲泡，浸泡五分钟后，再把茶汤倾入茶杯中，加入适量的糖和牛奶，成为一杯可口的牛奶红茶。当然，清饮与调饮在茶叶的选择上也有不同。

要喝纯纯的红茶，得考虑茶叶的外形与叶纹。每年初次采摘制作的红茶是最佳选择，在茶馆点用这类茶价格高；实际上，想体验多样化口味，在多样茶叶可供选的专卖店中，可借此机会累积品饮经验。若选择“调饮法”，则以经过粉碎或是叶片较小的BOP（Broken Orange Peace）为适。由于调饮混搭，在配料的使用上也可更多元化，然而在相同的泡法上，应留意所谓的“黄金典范”，以得好滋味！

红茶冲泡法的“黄金典范”

20世纪初，欧洲在红茶的冲泡法上归纳出一套“黄金典范”，即：（1）使用新鲜优质的茶叶；（2）正确地估算茶叶的用量；（3）使用新鲜良质的水；（4）使用完全沸腾的开水；（5）确定茶叶浸泡在茶壶内的时间。

品红茶冷热皆宜，可以加料，加味。热红茶可以用壶泡，也可以用锅煮。泡红茶，用壶泡要小心香气被夺走；常被人忽略的家用瓷壶更能提供红茶大显身手的机会，将茶韵表现出来。若想得到好茶汤，泡茶时的程序要熟记。

温壶是一定要的。通常热饮的红茶有定量比例。如两杯水约4～5克，但也非一成不变，也可依浓淡喜好调整。这些冲泡原则应再依照个人情境机动调整，尽量以方便取用为原则，太过公式化的泡法，容易受到其他变因影响而难得好味。

通常沸水注入壶中，都是一次完满的泡汤，瓷壶水与茶相交，约三至四分钟，红茶的香醇味就出现了。针对泡好红茶的“黄金典范”中的最佳选器重点，应是日前已发展出一套完整的冲泡红茶系统茶器，西方名瓷是为首选；但懂得选对红茶更是必修功课。

西方红茶以品牌与分级纵横市场，除

优雅的红茶

依照个人喜好选用之外，独具历史性的中国红茶也值得品赏。

正山小种撼动欧洲

产自中国的红茶，在市场上往往受到西方知名品牌影响，而总以为不如西方红茶，事实上，世界红茶的发源地在中国，红茶身世背后隐藏着一段美丽的红茶韵事！

中国红茶是全发酵茶，原产于福建崇安（今武夷山市）。先有星村小种红茶，继而产生功夫红茶。经萎凋、揉捻、发酵、干燥制成。特点是红汤红叶，根据制造方法的不同分为小种红茶、功夫红茶和红碎茶。

小种红茶：18 世纪后期创制于福建崇安的烟熏红茶。产于桐木村者称“桐木关小种”；产于崇安、建阳、光泽三地者称“正山小种”；武夷山附近所产，以崇安星村为集散地者，称“星村小种”。需用松烟熏制，从而形成小种红茶的品质特征。其条索肥厚，色泽乌润，茶汤红浓，香高而长，带松烟香，味醇厚具桂圆汤味。

红茶源起于中国正山小种，出现在 16 世纪后。

《清代通史》记载：“明末崇祯十三年红茶（有功夫茶、武夷茶、小种茶、白毫等）始由荷兰转至英伦。”《中国茶叶商品经济研究》记载：“《与雷诺阿共进下午茶》：‘在 17 世纪时，已经开始制作红茶，最先出现的是福建小种红茶，这种出自崇安县星村乡桐木关的红茶，当 17 世纪初荷兰人开始将中国茶输往欧洲时，它也随着进入西方社会。’”

邹新球编《武夷正山小种红茶》中说：“由于闽东功夫红

红茶茶器设计多元风貌

茶和武夷正山小种红茶都从福州口岸出口，国外开始以福州方言称正山小种红茶为 Lapsang Souchong（福州地方口音对松发 Le 的音，以松材熏焙过则发 Le Xun 的音。对以松材熏焙过的正山小种红茶则称 Le Xun 小种红茶。LapSang 则是 Le Xun 的谐音）。英国《大不列颠百科全书》则称：该名出现于 1878 年至今桐木村正山小种出口，使用 Lapsang Souchong 或 Lapsang Black Tea 之名。”

红茶品目分类表

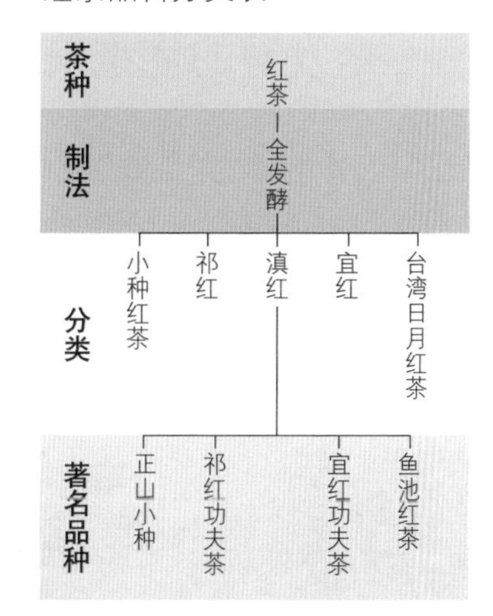

祁红浓郁玫瑰香

祁红：产于安徽祁门、贵池、石台等地的条形红茶。江西浮梁所产红茶也称祁红。条索紧细苗秀，香气清新持久，滋味浓醇鲜爽，浓郁的玫瑰香是独特风格。

云南功夫红茶：也叫“滇红”，产于云南澜沧江沿岸的临沧、保山、思茅一带的功夫红茶。条索紧直肥硕，色泽油润，金毫显露，苗锋秀丽，汤色红艳透明，滋味回甘，馥郁持久，叶底红匀明亮。

宜红功夫茶：亦称“宜红”，产于湖北宜昌、恩施的条形功夫红茶，湖北红茶最早始于鄂南。经萎凋、揉捻、发酵、干燥制成。条索紧细有毫，色泽乌润，汤色红亮，香气高长，滋味鲜醇。

红茶原乡，好山好水出好茶

全发酵的优雅浪漫

中国红茶品目分类中，全发酵是红茶制作的基本工序，而西方红茶会因为地区口味不同，而加进调味机制，并以红茶为基底，发展出各式各样的“花茶”。泡饮用壶以瓷器为主，由于这类的红茶多为碎茶，而在用壶时应注意壶嘴出水口处有无过滤装置。想要品出红茶的优雅与浪漫，可别轻忽小细节。

红茶的原乡——武夷山桐木村

12章

黑茶

陶器的包容

黑茶在六大茶类当中，相对来说是较为适合存放的茶种。而一向被外界蒙上神秘面纱的渥堆，事实上只是将渥堆时间拉长，肇因于茶菁原料粗老，用渥堆制法使粗大老叶组织软化，成茶色如墨般滑润，好保存又不易变质。

如何泡好黑茶？应以『既和且平』的茶汤为要求，茶汤的和谐就是等待壶器泡出一种有趣的均衡，是一种甜美中带着上扬的冲击滋味。

黑茶茶色如墨般滑润

促发黑茶与白水的交融

在茶与水的和谐之间，茶与壶就如同两根弦准确地开始震动，茶人得在适时的浸润找到交替，找到茶与水的交汇点。壶的运行如同天使在歌唱，为茶席的主人与客人，备好了和谐的香氛与不朽的滋味。

茶与壶的共振必须同时达到和谐点，才能激发融合滋味，才能促发黑茶与白水的交融，舞出茶香的律动，通过壶器尤其是陶壶的指挥，每一个茶叶浸出一样的滋味，赋予茶人对于泡茶和谐的要求。那么进入黑茶制茶的程序中，看原来黑茶的一身黑，正是精心安排的结果。

黑茶，陶器的包容（上）
陶壶泡出黑茶和谐（下）

黑茶品目分类表

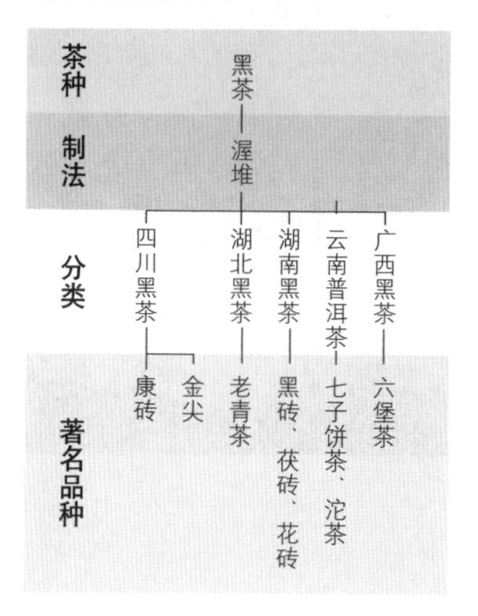

茶色乌金闪亮亮

黑茶是制造过程中堆积发酵时间较长，成品茶色呈油黑或黑褐的茶种。其工序有杀青、揉捻、渥堆、干燥。黑茶主要产区在中国四川、湖北、湖南等地，根据《中国茶叶大辞典》的分析如下：

（1）四川黑茶：也称“四川边茶”，分南路边茶与西路边茶两类。前者是茶枝叶经过杀青、扎堆、蒸、馏、晒干而成；后者是直接晒干而成。南路边茶主产于雅安、天全、荥经等地，主销西藏。用南路边茶蒸压加工成的紧压茶，已简化为康砖、金尖两种。

滋味醇厚回甘（左）
舞出茶香的律动（右）

（2）湖北黑茶：经杀青、揉捻、初晒、复炒、复揉、渥堆、晒干而成，以“老青茶”为典型代表，主产于赤壁、通山、崇阳等地。

（3）湖南黑茶：鲜叶经杀青、初揉、渥堆、复揉、干燥而成。条索卷折成泥鳅状，色泽油黑，汤色橙黄，叶底黄褐，香味醇厚，有“黑砖茶、花砖茶、茯砖茶”等。

（4）滇桂黑茶：产于云南、广西的黑茶统称。

（5）云南普洱茶：亦称“普洱茶”，产于云南思茅、西双版纳与昆明等地，而集中于普洱府所在地（今普洱市）销售，以云南大叶种茶为原料制成的晒青毛茶及其压制成的紧压茶。以云南大叶种青毛茶为原料，经后发酵、筛制、拣剔、拼堆包装，加工成散茶，再经蒸压塑形而成普洱沱茶、普洱砖茶、七子饼茶等各种紧压茶。散茶条索粗壮肥大完整，色泽褐红或带有灰白色，紧压茶外形端正，汤色红浓明亮，香气独特，叶底褐红色，滋味醇厚回甘。

紧压茶便于运输

紧压茶是以晒青毛茶经过筛制、蒸压成形的茶类。外形紧结端正，汤色橙黄，滋味醇和、香气持久。具有便于运输、耐储藏的特点。又有下列几种：

（1）紧茶：揉制成带把的心脏形紧茶，古称“牛心茶”，俗称“蛮压茶”。中茶公司成立后一度经由下关茶厂制造，取名宝焰牌紧茶，主要供西藏和四川凉山、甘孜及滇西北迪庆、丽江地区藏族饮用。每个 250 克，配料以晒青毛茶三至十级为主，其制作流程为：筛分→发酵→拣剔→拼堆→揉制→干燥→包装。此茶主要供酥油茶饮用。

为装运方便，1955 年将心脏形紧茶改制成长砖片形紧茶，由下关茶厂定点生产，规格为 15 厘米 ×10 厘米 ×2.2 厘米，每个净重 250 克，由机器压制而成。1986 年，

普洱茶生机盎然

下关茶厂又恢复心脏形紧茶生产。

陈放良好的紧茶由来神品，晒青紧茶久藏不衰，益见老壮，鼎兴紧茶恰与猛景紧茶并列普洱双雄，茶菁柔软，适时发酵，促进揉制紧实的美好。漫长陈置未有茶叶松落，茶色厚实油亮，茶汤现翳珀色，直扬粟米香气，滋味浑圆，品一口通体舒畅，两腋生风，行走周天，令人心和气爽，明目养气，正是“末代紧茶”深邃悠远所在。这类陈茶真品不多，是爱茗者梦幻逸品。

（2）饼茶：因形如圆形，故名饼茶。1941 年下关茶厂成立时即销售饼茶。选

陶壶肩负去除渥堆茶酸气的任务

用云南大叶种晒青毛茶为原料，经筛分拣剔、蒸压等工序加工而成。直径11.6厘米，边厚1.3厘米。至今仍具知名度的“红印饼茶”以易武大叶春尖制成，陈期超过六十年，茶饼起层落面匀称，显制成与保存极优，茶面纹理鲜毫毕露，系易武春尖特质，醇厚浸出物和单宁转化，汤色明亮若红宝石闪耀，喜见金图。初闻红印醇和香气已近沉香之境，醇原滋味层次分明，完美收敛口感，喉头如泉涌。然市场仿品多，必须小心分辨。

（3）方茶：原料和加工工艺都同紧茶，只是形状不同，压制成长方形，长、宽各10厘米，厚2.2厘米，每个重125克。

（4）沱茶：云南沱茶是具有独特风格的传统高级紧压名茶。形状似碗，下有一凹窝，外径8厘米，高4.5厘米，每个净重100克，原料采用云南大叶种青毛茶一级和二级各50%，通过拼配、筛分、拣剔、拼堆、蒸压成型、干燥等工序而成。

（5）普洱方茶：主产于昆明，采用云南大叶种晒青毛茶一级原料精工筛制，蒸压成正方块状，长宽各10.1厘米，每片净重250克。

（6）六堡茶:原产于广西苍梧六堡乡的黑茶，经摊青、低温杀青、揉捻、渥堆、干燥制成。有特殊的槟榔香气。

黑茶因产地、用料不同，而呈现多样品目，而制法中不外以晒青或渥堆方法初制茶，然后再经蒸压成形，其间的渥堆法独具特殊风味，成为泡茶时的大挑战。若先了解渥堆制法，就可掌握其茶性，泡出好滋味。

神秘的渥堆工序

渥堆是形成普洱茶品质的关键工序。云南普洱茶在渥堆过程中，茶叶的滋味由浓强变为醇厚，汤色由黄绿变成红褐，香气由清香变成陈香。渥堆的实质是以

汤色明亮若红宝石闪耀

揉制紧实的美好

毛茶的内含成分为基础，在湿热环境下，经过一系列的反应，造成普洱茶特有的风格。

事实上，渥堆分成自然渥堆和加水渥堆两种：自然渥堆要陈放二到三年，新式渥堆只要四十到五十天就可以完成了。不同的渥堆生产出的茶质也不同。

渥堆车间用一定量茶，全部铺陈在水泥地上，将茶成堆，覆上塑料布，泼水发酵。渥堆成败在水分的控制，以及水的质量。这乃是因茶制宜，因茶菁老嫩，因洒水时的阴晴、湿度高低等复杂变因构成！

木香与豆芽香

实际上，自然渥堆和泼水渥堆有差别。

有些茶叶是经过渥堆法“加速陈化”，以充“老茶”，通常都会面临环境清洁的问题。用对壶选对茶，可以经由闻与品来判断品质。

闻味也是一个辨认的好方法：晒青有木香；烘青有豆芽香。虽然每个人的嗅觉感应不尽相同，但经日光晒青的茶可久放，是不争的事实。那么出现草席味或是霉味，就要当心了！

质优的普洱茶不在茶龄年轻或陈年，更重要的是茶质要好，存放空间要干净，这也是许多品普洱茶者常论及的“干仓”“湿仓”迷思。

干仓指的就是控制相对湿度，以恒温让存放普洱茶的空间不受潮。主张干仓益茶者，认为干仓不潮、不湿，是存放普洱茶的超优环境。而“湿仓”就是较潮湿的普洱存放空间。

相对而言，若是普洱茶有霉变，有“草席味”，则归咎于存放“湿仓”造成的。所以大多数人认为湿仓就是不好。“愈陈愈好”“干仓较好”等观念只是存放的首要条件，是选择质佳茶叶的考量之一。

生饼、熟饼各有千秋，想泡生饼重点在要能将茶的发茶性表现出来，用瓷盖杯泡法最是原汁原味的。

“干仓”“湿仓”迷思论战（左）
陶壶修润熟饼滋味（右）

原味壶很"土"

讲究喝茶的人通常都会使用盖杯泡茶；因为盖杯的瓷胎可以完全激发茶的香与韵，让茶质一览无遗，想要试茶的人使用盖杯效果佳。其中薄胎瓷盖杯相对发茶性好。

陶壶修润熟饼滋味

熟饼则用陶壶来修润滋味，这也是流传较广的普洱茶风味。而陶壶是左右渥堆茶滋味均衡的要角，为什么陶壶有这样的功效呢?

原味壶很“土”，完全未施釉；制作陶壶必得先掌握配土、养土，使制壶的材料稳定性、延展性更佳，同时若以捏塑制壶，从壶盖、壶身、壶嘴、壶把、壶钮到水墙的局部结构，均须将土的厚薄均匀，捏出互应的调和美感。陶壶不单只是冥想空间的个体，也具备大大的实用性。由于练土和塑烧均仔细考虑壶的吸孔率、传导性、透气性，所以使用时，茶叶的单宁酸产生的苦、涩降低，茶汤味更滑口。

过滤矿物·去芜存菁

当陶壶为着去除渥堆茶酸气的任务而来，制壶者启动了配制的岩石，像是以砂泥为基础的矿物，添加麦饭石、阳起石、碧玺等多种原石材料，配合高温氧化、还原烧结交互运用，使坯体内金属与矿物产生共熔现象。这种壶经高温火炼之后

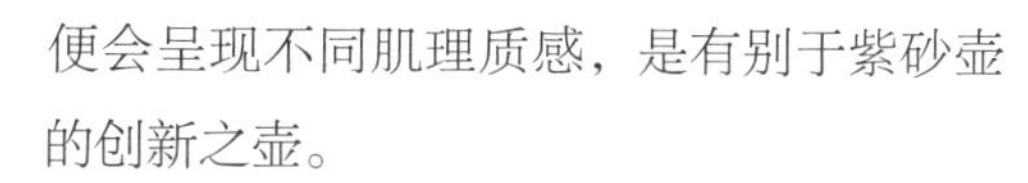

便会呈现不同肌理质感，是有别于紫砂壶的创新之壶。

陶壶具有包容性，使得黑茶的和谐中带来一场曼妙的交会，在壶、水、茶的渴望中，品茗极致的想象是乐活，而乐活的知己是一把壶，正等待有缘人的相伴！

创新之壶

乐活的知己一把壶

图书在版编目（CIP）数据

茶壶：有容乃大／池宗宪著．—2版．—北京：生活·读书·新知三联书店，2019.8
（茶叙艺术）
ISBN 978-7-108-06469-1

Ⅰ．①茶… Ⅱ．①池… Ⅲ．①茶具-文化-中国
Ⅳ．①TS972.23

中国版本图书馆CIP数据核字（2019）第030308号

责任编辑 赵庆丰 张 荷
装帧设计 蔡立国 刘 洋
责任印制 卢 岳
出版发行 生活·讀書·新知 三联书店
（北京市东城区美术馆东街22号 100010）
网 址 www.sdxjpc.com
图 字 01-2019-4335
经 销 新华书店
印 刷 北京图文天地制版印刷有限公司
版 次 2010年8月北京第1版
2019年8月北京第2版
2019年8月北京第4次印刷
开 本 710毫米×1000毫米 1/16 印张11
字 数 150千字
印 数 20,000-26,000册
定 价 49.00元
（印装查询：01064002715；邮购查询：01084010542）